中国热区种质资源
信息经济学研究

Information Economics Study of Germplasm
Resources in Chinese Tropical Area

郑晓非 著

中国农业科学技术出版社

图书在版编目（CIP）数据

中国热区种质资源信息经济学研究 / 郑晓非著.—北京：
中国农业科学技术出版社，2014.5
ISBN 978 - 7 - 5116 - 1562 - 6

Ⅰ.①中⋯　Ⅱ.①郑⋯　Ⅲ.①热区 - 种质资源 - 信息
经济学 - 研究 - 中国　Ⅳ.①S324

中国版本图书馆 CIP 数据核字（2014）第 046773 号

责任编辑	徐　毅	
责任校对	贾晓红	

出 版 者	中国农业科学技术出版社	
	北京市中关村南大街 12 号　邮编：100081	
电　　话	（010）82106631（编辑室）　　（010）82109702（发行部）	
	（010）82109709（读者服务部）	
传　　真	（010）82106631	
网　　址	http://www.castp.cn	
经 销 者	各地新华书店	
印 刷 者	北京富泰印刷有限责任公司	
开　　本	787mm ×960mm　1/16	
印　　张	11	
字　　数	180 千字	
版　　次	2014 年 5 月第 1 版　2014 年 5 月第 1 次印刷	
定　　价	29.80 元	

内容提要

....

中国热区种质资源应该如何开发？其产业化进程应该如何推进？这两个问题是本文试图研究的主要问题。类似问题不仅存在于海南野生稻种质资源，而且在热区其他作物种质资源中也一定程度存在。研究目的是为了探索热区作物种质资源及其产业化的有效、高效发展途径和模式，论证中国热区种质资源分层次开发的客观性、科学性和合理性。

本书是在热带农业分层次发展理论和农业产业链理论的指导下完成的。通过文献查阅、专家访谈和实地调研等方法，对中国热区种质资源进行了系统的理论探讨；通过实证分析与案例分析，探讨了中国热区种质资源产业链发展的内在规律和本质，并提出了发展对策。为政府、野生稻产业的投资者和经营者以及其他研究人员正确认识中国热区产业链提供依据，从而推进野生稻种质资源分层次开发，提高中国热区国际竞争力，保障国家粮食安全提供有益参考。

为达到拟定的研究目标，本书共分为 12 个部分，各章节的主要内容如下。

第一部分介绍了本项研究的背景、目的和意义；然后对已有文献进行客观评述，并阐明本论文研究的主要思路、方法和技术路线，最后提出中国热区种质资源的开发具有分层次的客观性及其开发配套政策具有分层次的客观性两个经济学假设。

第二部分对中国野生稻种植史，尤其是海南野生稻的栽培史进行了综述。并对水稻的自然属性行了系统研究；介绍袁隆平发现野败，把野败培育成超级稻的案例。说明超级稻对世界和我国稻米产业的巨大影响；对海南野生稻种质资源发展优势和面临的问题进行了系统分析。

第三部分系统研究种质资源的经济价值分类体系、指标体系、评价方法以及核算的理论框架等方面的问题。

第四部分系统阐述了信息经济学产生的现实背景、学科背景，介绍了信息经济学的发展历程，信息经济学的内容和主要成果，信息的费用与效用，信息资源的配置与管理，信息系统的经济分析；重点指出了信息与经济间关系的研究信息经济学在产业组织理论方面的研究。并把信息经济学与中国热区种质资源相结合进行理论研究。

第五部分系统阐述了信息经济学基本概念和网络信息生态系统。信息经济学是指对信息及其信息技术技术与信息产业所改变的经济进行研究的经济学，也就是对经济活动中信息因素及其影响进行经济分析的经济学。

第六部分系统阐述了网络信息生态失衡的表现，自然界生态系统研究的主要问题是生态的污染和失衡，同样，在网络信息生态系统中，平衡也是相对的，非平衡的网络信息生态失衡是在所难免的，其基本目标就是要防止网络信息生态环境的恶化，像爱护自然生态一样爱护信息生态。

第七部分系统阐述了网络信息生态失衡的原因分析。信息不对称是导致网络信息生态系统失衡的重要原因，最终会导致逆向选择和道德风险的产生。缩小网络信息生态主体之间以及与网络信息生态环境之间信息差距，消除网络信息生态中的信用缺失，有利于充分发挥网络信息生态的信息传递功能，有效改善网络信息生态。

第八部分系统阐述了基于信息经济学的网络信息生态失衡的对策研究。分析了导致网络信息生态失衡现象的原因，从宏观的改善网络信息环境和微观的构建网络信息污染测评体系等方面分别提出了网络信息生态失衡的解决对策。

第九部分对农业产业链理论进行研究。在农业产业链理论的基础上设计中国热区种质资源产业链的模型。并对中国热区产业链进行了详细的分析，找到了其存在问题的主要原因，提出了完善中国热区产业链的对策。

第十部分以开发海南野生稻种质资源产品——"火山香米"为研究案例，对野生稻种质资源开发的现实案例进行了详细的研究。在分析价值链、信息链、组织链、物流链、技术链 5 个方面的基础上，提出提出了"火山香米"项目的运营模式和策划全案。

第十一部分对热带农业分层次发展理进行系统的研究，并对相关因素进行分析，提出需要在热带农业分层次发展理论的基础上建立中国热区种质资源开发的结论。

第十二部分概括总结了第一部分至第十一部分研究的基本结论，最后证实中国热区种质资源的开发具有分层次的客观性及其开发配套政策具有分层次的客观性这两个经济学假设，并提出海南岛种质资源分层次发展的相关对策建议。

通过分析中国热区种质资源的开发现状，分析不同层次的主要影响因素，研究热区农业发展的层次性，确立"分层次推进、各层次均优增长，优先发展有竞争力层次的热区作物种质资源"的战略思想。

主要研究结论：

（1）研究认为，传统种质资源开发理论通常把种质资源抽象为一个整体，来研究资源禀赋、技术、制度等要素（自变量）对其发展的影响，忽视了农业分散生产所引发的不平衡发展和农业内部各生产部门多层次的真实情境。所以，认识到种质资源开发的层次野生影响其发展的一个不可忽视的要素。

（2）研究认为，海南种质资源分层次开发能有效解释"因地制宜"发展观的合理性。

（3）研究发现，海南种质资源开发的层次是自然资源、劳动者、科技进步长期博弈的均衡。

（4）研究认为，通过对海南种质资源产业链组织模式进行比较，鉴于产业链组织的形成条件、市场发育程度、地域经济发展水平存在着较大差异，为获取较高的产业链运行绩效，各主体必须根据自身条件选择适宜的产业链发展模式。

（5）研究认为，中国热区种质资源产业链包括优质稻品种选育、优质稻生产、优质稻谷供应、野生稻加工、野生稻贮运、野生稻销售、消费等功能环节，并对应不同的功能主体，各功能主体之间通过信息流、物流以及资金流相互联系、相互竞争。

序　言

．．

　　我国热带地区主要集中在海南省、广东省、广西壮族自治区、云南省、贵州省、福建省、四川省干热河谷地区及我国台湾，人口 1.7 亿（不含台湾），约占全国人口的 13%。自 1986 年党中央、国务院作出大规模开发热带作物种质资源决议以来，以天然橡胶、木薯、油棕、香蕉、荔枝、芒果、咖啡等为代表的热带作物种质资源，在几代国家领导人的重视和关心下，从零起步不断发展，在满足国家战略资源和日常消费品，服务国家外交大局，促进热带地区各民族团结、社会稳定和农民增收等方面发挥着重要作用。

　　从 20 世纪末期，我国农业和农村经济进入新的发展阶段。新阶段面临着资源和市场的双重约束、发展经济与环境保护的双重压力、国内市场和国际市场的双重挑战、经济结构和就业结构的双重调整、增加农民收入和保障粮食安全的双重目标、促进经济增长和发展社会事业的双重任务。但相对于其他国家、尤其是发达国家而言，我国热区农业总体水平依然很低，依靠科技快速提升热区农业农村经济发展水平的任务依然十分艰巨。

　　基于上述背景，在中国博士后科学基金会的大力支持下，本书作者在深入分析了国内外热区种质资源发展现状及趋势、热区农业分层次发展建设状况和信息经济学学科体系建构研究的基础上，提出了中国热区种质资源信息经济学研究这一有创新性的发展思路，并为热带农业科技发展提供了理论支持。

　　这本专著内容丰富、深入浅出，为我们认识热区农业种质资源、关注热区农业种质资源、开发热区农业种质资源提供了基础性的材料。可以预见，通过本书的出版和发行，有望使热区农业种质资源产业发展及科技进步得到社会各界更多的关注和支持，并在国家发展战略上受到应有的重视。

　　时代在前进、实践在发展。我们相信并期待，本书的成果必将伴随中国热区种质资源事业的蓬勃发展而得以丰富、完善与提升，为发展现代农业、建设社会主义新农村提供有力支撑。

中国农工民主党海南省委会专职副主委

海南省人民代表大会常务委员会委员

中国科学院博士后

海南师范大学教授、博士生导师

目　　录

1　引　言

　　本研究属于种质资源技术经济学范畴，是对热带作物种质资源在经济学框架中如何进行组织优化过程的研究。

　　研究该领域的科研课题，首先要搞清楚什么叫"种"，什么叫"质"。

　　自然科学中的"种"是指遗传的特征，而在社会科学中"种"指一种品种相对稳定存在的状态。它包括 3 个特性：稳定性、差异性及其经济价值。而通过科研人员的工作，这 3 个特性统一起来的活动就称为育种。

　　目前，全世界已建成各类种质资源库 500 多座，收藏种质资源 180 多万份。其中，禾谷类 120 万份，豆类 35 万份，根茎类 8 万份，饲料类 20 万份。美国在 20 世纪 80 年代建于科罗拉多州科林斯堡种质库是世界上最大的种质库，收藏种质 20 多万份。设置于北京的中国农业科学院国家种质库，收藏种质 33 万多份。当然，并不是每一种都能开发其经济价值。

　　种质资源是如何发展成农业的问题一直困扰着理论研究者。农业的起源就是人和大自然的博弈结果。是不是对人最有利，是不是对人风险最小，是不是能长期稳定操作，是检验种质资源开发的根本。

　　人类在与大自然博弈的过程中产生了试验，其中，包括试错和试对两部分。试错是人在长期开发大自然的过程中把所有研究归纳总结到一起的过程，也就是后期所称的科研。当前，很少有人在做试错的工作，而能产生伟大成绩一定是试错，这才是有独创性的，袁隆平院士正是通过发现的"雄性败育的野生稻"而培育出的杂交水稻。试对是在试错完成的基础上，解决开发利用、优化到什么程度是最好的工作。

　　作为以热带种质资源为主要研究对象的科研工作者，需要了解清楚热带作物种质资源的范畴。

　　现在对热带作物种质资源的看法有两种：①只能在热带生长的；②可以

在非热带地区种植，但有季节性差异性。

在这个问题上，笔者赞同傅国华教授提出观点，即在热带地区生长的就是热带作物种质资源。

种质资源是根据自然科学中"界、门、纲、目、科、属、种"来分类，并按照发现者姓名来命名。如果从是从经济专业角度分类，则应分为野生状态、试开发和已开发 3 类。而研究的重点在于不同种质资源的差异性、稳定性和经济价值。

现在国家提出大力发展农业产业化，作为理论研究者，需要认真考虑产业化是什么，产业链是什么，它的优势在哪里。是不是所有的热带种质资源都能进行大规模产业化。根据不同的种质资源类型，产业链也需要分层次发展：有一些需要走技术路线，有一些需要走产业管理。

农产品的性质决定了发展潜力，种质资源的差异性对产业链后续开发起决定性作用，需求弹性小的不适于组建产业链。利用分层次管理理论，把种质资源的差异性分层次，解决差异性问题。

可见，把种质资源发展到农业，是在试对环节之后，大面积推广，然后组织生产（建立农业体系），产成一个产业的过程。而经济一定是在产业的基础上形成的，试验是不计成本的。

产业链特点是把该产业的把各个环节连接起来。其优势是整片开发、同质量、标准化、一体化。产业链之所以能创造价值，是因为它把没有分工的农业进行细致的分工，提高整体价值，让每个环节在价值不变的前提下，降低成本，提高效率，这是系统的效益，是制度创新的结果。产业链通常包括生产、加工、营销 3 个环节。

把种质资源的差异性分层次，利用分层次管理解决差异性问题。再根据种质资源的差异的特性和产业链的特点，我们也需要建立分层次产业链，一定要分清哪些种质资源产业链可以走技术路线，哪些种质资源产业链应该走产业管理之路。

野生稻是栽培稻的原始祖先，是栽培稻育种和生物技术研究的重要物质基础，是研究稻种起源、演化和分类的宝贵资源。过去，由于人们对野生稻的重要性缺乏足够的认识和经济技术条件的限制，野生稻保护的理论和技术研究几乎为空白。近年来，随着生物多样性保护工作的加强和保护生物学的发展，国内外科学家纷纷开展了野生稻的保护生物学原理和方法研究，为野生稻的保护提供了坚实的理论基础。但是，目前所开展的研究工作还缺乏系统性和针对性，特别是对处于野生稻种质资源的开发、产业链的建立及其经营管理缺乏具体的研究价值。

本书是从经济学角度研究中国热区种质资源的开发，在此提出 3 个假设，并予以证实：

①中国热区种质资源的开发具有分层次的客观性。

②中国热区种质资源的配套政策，具有分层次的客观性。

③中国热区种质资源在信息经济学研究领域具有现实的客观性。

论文希望通过对海南岛野生稻种质资源在科技、生产、流通、加工、消费、贮藏、信息与咨询等各个环节所发生的经济行为进行分层次开发的研究，对水稻产业结构调整和提高水稻生产、消费、流通与加工的经济效益，用科技支撑水稻产业发展等具有积极意义，并把得到的理论应用到更多的热带种质资源之中。

1.1　研究背景

1.1.1　建构国家粮食安全的需要

中共十七届三中全会通过的《中共中央关于推进农村改革发展若干重大问题的决定》提出，粮食安全任何时候都不能放松，必须常抓不懈。要加快构建供给稳定、储备充足、调控有力、运转高效的粮食安全保障体系。

粮食安全是国家安全的战略基础。粮食安全与能源安全、金融安全并称为当今世界三大经济安全。对于我们这样一个拥有 13 亿人口的大国，确保粮食安全不仅是实现国民经济又好又快发展的基本条件，而且是促进社会和谐稳定的重要保障，也是确保国家安全的战略基础。

实现粮食安全是一项长期、艰巨的任务。从全球粮食供求格局角度看，我国年粮食产量和消费量大约占世界粮食产量和消费量的 1/4，国际市场也无法满足我国巨大的粮食需求。随着人口增长、城市化进程加快以及人民生活水平提高导致的粮食需求结构的变化，我国的粮食需求总量将保持刚性增长趋势，未来粮食供给的压力会越来越大。因此，实现粮食安全是一项长期、艰巨的任务，绷紧粮食安全这根弦，常抓不懈，是我们的一项基本国策。

1.1.2　建构野生稻种质资源产业链的需要

水稻（*Oryza sativa L.*）是被子植物门单子叶植物纲莎草目禾本科稻属

植物。禾本科在数量上是排名前五位（菊科、兰科、豆科、禾本科、蔷薇科）的科之一。水稻是最主要的三大粮食作物之一，播种面积占粮食播种面积的 1/5，年产量约 4.8 亿 t，占世界粮食总产量的 1/4，全世界 1/2 以上的人口以水稻为主食，同时，也是我国最主要的栽培作物之一。并且，水稻被列为模式作物，有着很丰富和深入的基因组研究基础。

我国水稻年种植面积 4.5 亿~4.7 亿亩（15 亩 = 1hm²，全书同），如每年种植 1 亿亩超级稻，亩（1 亩 ≈ 667m² 全书同）增 100kg，则每年可增稻谷 100 亿 kg。野生稻种质资源研究，将有助于我国最终形成"少种、多收、高效、环境友好"的水稻生产新格局，达到促进农业结构调整、提高稻作产出与投入比、合理利用自然资源、减少环境污染和增加稻农经济收入的目的。

海南省位于北纬 3°58′~20°10′，东经 108°37′~117°50′，陆地总面积 3.39 万 km²，占全国热带土地面积 8 万 km² 的 42.5%，是我国最大的热带地区。地处热带北缘，属热带季风气候，光温充足，光合潜力高，素来有"天然大温室"的美称，全年无霜冻，冬季温暖，雨量充沛，水源丰富，水稻一年三熟，是全国最重要的南繁育种基地，被称为"中国种子硅谷"。每年冬春两季，来自全国各地的育种专家和科研人员云集于此开展育种科研，目前，全国已推广的 5 000 多个农作物品种中，90% 来自海南岛南繁基地。其中，水稻育种一直处于世界领先地位。

新中国成立后，海南省采取了一系列措施，大力发展水稻生产。水稻播种面积逐年扩大，单位面积产量不断提高，水稻总产持续增长。但从总体上看，海南仍受到稻米产品档次低、市场占有份额低、投入产出效益低困扰，尚未摆脱经济弱省和财政穷省的困境。在这一大背景下，立足当前水稻生产的实际，因地制宜地发展野生稻产业链，在科技、生产、流通、加工、消费、储藏、信息与咨询等各个环节提升其经济价值，这将对水稻产业结构调整和提高水稻生产、消费、流通与加工的经济效益，对确保粮食安全、繁荣经济和稳定社会都具有极为重要的作用。

1.1.3 科学协调可持续发展的需要

人口增加和耕地减少是我国的基本国情，预计到 2030 年，我国人口将达到 16 亿，我国农作物的单产需在现有的基础上提高 50% 以上才能满足粮食的安全供给。

水稻作为我国第一大粮食作物，约占粮食总产量的 40%。稻米是我国人民赖以生存的主食之一。水稻生产不仅担负确保我国粮食安全的重任，还肩负着实现种粮增效、稻农增收和全面推进新农村建设的重大使命，也是新阶段我国农业和农村经济发展的中心任务之一。

海南岛水稻栽培历史悠久，据农史研究，3 000 多年前的原始农业已有稻的栽培，是我国栽培稻种的起源地之一。1932—1933 年，中山大学植物研究所在本岛崖县南山岭下和小抱扛田边发现疣粒野生稻。1959—1963 年发现野生稻的分布 23 处。1978—1982 年全国开展野生稻资源普查，查明本岛生长有普通野生稻、疣粒野生稻及药用野生稻 3 种，分布各县共 65 处，以普通野生稻为多，有 32 处。普通野生稻是栽培稻的祖先。

进入 21 世纪以来，世界科技，包括水稻科技，出现了新的发展趋势。在充分吸收传统农业精华的基础上，分析未来 10～15 年我国水稻发展趋势，瞄准现代水稻科学技术发展方向，坚持前瞻性、战略性、方向性、继承性和创新性的发展原则，从原创技术、共性平台技术、关键技术、重大产品和产业化示范 5 个层次，全面部署现代水稻科技发展战略，对于大幅度提升我国水稻科技创新水平，实现水稻生产的"高产、优质、高效、生态、安全"的目标具有重要的战略意义。

1.1.4 贯彻热区农业分层次发展的需要

科学分析发展层次。热区农业的发展层次，可以从不同的角度进行不同层次的划分，层次划分的目的是为了分层次指导热区农业的发展，实现各个层次的热区农业都能实现最优化的发展。

本书主要以当前影响热区农业发展的主要因素即：加工水平、组织程度来划分热区农业发展层次，以应用理论研究、实证研究、聚类分析方法进行层次划分，分析各个层次的发展特性，为其选择合理的发展路径做好前期准备工作。

首先要设计分层次发展路径。不同层次的热区农业发展需要不同层次的路径依赖，那么，不同层次的热区农业发展就需要选择不同层次的发展路径。因为不同层次的热区农业发展需要的要素投入是有差别的，指导热区农业发展道路需要从当地农业发展实际出发，针对关键因素进行传统农业改造，诱导热区农业从低层次向高层次发展。这可以证明：一些地区最需要投资，另一些地区最需要投入人力资本，还有一些需要体制创新等，因为不同的发展层次需要不同的发展路径。

继而要提出分层次发展的理论依据与政策导向，建立分层次发展的理论框架，制定相应的分层次发展思想，修订相应层次的农业发展政策，推动热区农业资源的优化配置，提高要素利用率，实现热区农业生产的高效益，这是制定热区农业分层次发展的政策目标。

1.1.5 国内对该领域研究不足

立题研究前，笔者对有关农业发展的理论文献、农业产业化发展的相关文献进行查新，同时对经济增长理论、经济发展理论的相关文献也进行了查新。种质资源把经济层次作为影响因子，研究其对开发的影响的论点、论著很少。另外，通过对导师的热带农业分层次发展理论的系统学习，从直观感觉方面，发现该理论可以指导海南种质资源的开发，即研究海南种质资源层次与需要投入的各要素权重的关系值得分析，以便确立不同层次的种质资源开发需要不同的主导投入要素。

该项研究应该属于原创性的研究。所以，本书立题为"中国热区种质资源信息经济学研究"，提出中国热区种质资源及其产业化进程需要因地制宜分层次发展。

1.2 研究范围和意义

1.2.1 研究范围

中国是野生稻资源最丰富的国家，分布十分广泛。南起海南省的三亚市，北至江西省东乡县，东起中国台湾省，西至云南省盈江县都发现过野生稻。如此丰富且分布广泛的野生稻资源，确立了我国是亚洲栽培稻起源地和多样性中心的地位，并为世界所瞩目。普通野生稻是栽培稻的近缘祖先。普通野生稻经过长年的进化，成为现代的栽培稻。但是在进化过程中，普通野生稻的许多优良基因被丢失。

1978—1982 年，我国进行了一次全国野生稻普查。普查表明，中国的 3 种野生稻——疣粒野生稻（*Oryza. granulata*）、药用野生稻（*O. officinalis*）和普通野生稻（*O. rufipogon*），广泛分布于广东、广西壮族自治区（全书称广西）、海南、云南、江西、湖南、福建和台湾等省区，其丰富的遗传多样性令世界瞩目。野生稻遗传资源是开展水稻遗传育种和生物研究的物质基础，亦是粮食生产发展的宝贵财富。野生稻资源含有栽培稻在进化过程中丢失的许多优异基因，是栽培稻突破性育种与稻作理论研究的宝贵材料，对解决粮食安全、维护人类生存发展具有重大意义。

本文研究的是就以"雄性败育的野生稻"简称"野败"为代表的海南本地生长的野生稻种质资源，以及由野生稻开发出的杂交水稻品种，如"热香一号"等水稻新品种。

1.2.2　研究意义

水稻是世界上最重要的粮食作物之一，全球近一半的人口以稻米为主食。据估计，到 2020 年，全世界的稻谷需求量将由目前的 5×10 亿 t 增加至 7.8×10 亿 t。面对 21 世纪中国 16 亿人口粮食安全的重大问题，提高稻谷产量具有举足轻重的地位。开展野生稻米种质资源的经济研究，对水稻产业结构调整和提高水稻生产、消费、流通与加工的经济效益，用科技支撑水稻产业发展等具有积极意义。

实践证明，在增加稻谷产量的诸多因素中，选育优良品种是首要因素，要在水稻育种上再次实现突破，关键在于进一步开发和利用稻种基因源丰富的遗传多样性，通过不断扩大栽培稻改良品种的遗传基础，源源不断地获得适应生产需要的新品种。大量的研究表明，野生稻中广泛存在着可用于栽培品种改良的优异基因，特别是存在着许多育种急需而栽培品种缺乏的关键性基因。所以，深入挖掘野生稻中的有利基因对提高水稻产量、改善稻米品质、增强水稻对生物性和非生物性的抗性、保障粮食安全和保护生态环境具有重要的战略意义。

普通野生稻是亚洲栽培稻最近缘的野生种，由于长期处于野生状态，经受各种灾害和环境的自然选择，形成了丰富的变异类型，对水稻病虫害有较强的抗性，对环境有较强的适应性，并具有优质、高产、氮磷高效利用、广亲和及雄性不育等优良基因，是水稻育种和改良的重要遗传资源。

由于水稻具有广泛的地域性和复杂的生态性，易遭受各种生物和非生物压力的影响，因而，扩大栽培稻可以利用的基因源，提高栽培稻的产量潜力和对各种生物和非生物压力的抵御能力，稳定地提高水稻产量已成为当前水稻育种和生产紧迫的需求。野生稻及其近缘种是栽培稻遗传改良的重要基因源，强化野生稻优良性状的评价和利用已成为共识。生物技术的不断发展，为野生稻优良基因的准确评价和有效利用提供了可以操作的工具。近年来，直接以野生稻有利基因或基因所在染色体片段为操作对象的生物技术正在开展，分子标记辅助选择技术、细胞工程技术、原位杂交技术、基因渗入技术、基因定位技术、构建野生稻全基因文库，等等。为实现野生稻有利基因向栽培稻的定向转移开辟了道路，前景广阔。通过常规手段结合现代生物技术利用野生稻创新的种质资源和桥梁材料，扩大栽培稻的遗传基础，是推动水稻遗传改良的可靠途径。

分层次开发野生稻种质资源产业链，把农村经济和城市市场作为一个整体来运作，从而能加速城乡经济融合，成为城市经济和农村经济新的增长点。

①发展野生稻产业链，大面积推广种植优质稻，为从事水稻种植业的广大农民开辟一条增产创效的新途径，从而将促进我国粮食生产能力的长期稳定，为我国粮食生产的安全提供有力的保障。

②野生稻深加工可使稻米资源增值 5 ~ 10 倍，是稻米产业获得高额利润的有效途径，因此，发展野生稻产业链，能带动野生稻加工业的发展。

③发展野生稻产业链，能为畜牧业提供大量优质的饲料初级产品（如稻草秆）和粗加工产品（如米糠），开发"米 + 鸭 + 猪"的循环经济模式，从而可促进当地乃至其他周边地区经济的发展。

④发展野生稻产业链，将为医药和食品化工行业的生产提供更为稳定、优质、低价的原料，从而带动从事以稻米为原料的医药和化工企业的发展。

1.3　国外对野生稻种质资源的评价和利用

1.3.1　国外对野生稻优良特性（基因）的遗传评价

(1) 通过遗传评价已发现的野生稻优良特性

近 30 年来，通过田间和实验室评价，发现野生稻存在着众多的优良特性，包括抗生物胁迫如高抗白叶枯病、稻瘟病、草丛矮缩病、黄矮病、纹枯病、褐稻虱、白背稻虱、叶蝉、螟虫、稻瘿蚊、纵卷叶螟；耐非生物胁迫如耐旱、耐冷、耐酸性土壤、耐低磷、耐铁毒、耐盐碱、耐涝淹、耐阴；优良农艺性状如胞质雄性不育、柱不头外露、大粒、早熟、广亲和、高生物产量、高蛋白质含量、葡伏生殖根等（表 1 – 1）。Heinrichs 统计了 215 887 份（次）栽培稻和 2 348 份野生稻对 8 种水稻虫害（褐稻虱、白背稻虱、黑尾叶蝉、电光叶蝉、三化螟、大螟、纵卷叶螟、稻水蝇）抗性的评价结果，发现从栽培稻中筛选出的各类抗性材料概率为 0.01% ~ 2.5%，平均为 1.0%，而野生稻为 2.1% ~55.2%，平均为 28.7%，从野生稻中发现抗病、抗虫基因的频率比栽培稻高近 30 倍。迄今，从 13 个野生稻种中已发现抗二化螟材料，从 11 个野生稻种中已发现抗褐飞虱材料，从 8 个野生稻种中已发现抗白叶枯病材料。遗传评价表明，栽培稻中纹枯病抗源极少，但在尼瓦拉野生稻（O. ni vara）、巴蒂野生稻（O. barthii）、普通野生稻（O. rufi pogon）、小粒野生稻（O. minuta）、宽叶野生稻（O. lati folia）中存在抗性较高或中抗纹枯病的材料。

杂草稻是潜在的、可用于水稻育种和研究的另一类重要遗传资源，它广泛分布于孟加拉、印度、尼泊尔、泰国、菲律宾、日本、韩国、巴西等国家和西非地区，中国也有少量杂草稻存在。Suh 收集了各国近 4 000 份杂草稻材料，进行了深入的杂草稻特性研究，发现杂草稻具有耐氯酸钾（$KClO_3$）、耐低温、耐不良土壤、早熟、对杂草竞争力强、种子休眠期长等优良特性，可用于栽培稻的遗传改良。另一方面，由于杂草稻的广适应性，它在南亚、西非、北美的一些国家逐渐蔓延，成为一种重要的草害。

表 1 - 1　在野生稻中已发现的主要优良特性

野生稻	染色体数	染色体组	优良特性
尼瓦拉野生稻	24	AA	抗稻瘟病、通戈洛、褐稻虱、纵卷叶螟
普通野生稻	24	AA	高产基因，雄性不育，抗白枯叶病、纹枯病、通戈洛、纵卷叶螟
螟舌野生稻	24	AA	抗白枯叶、稻瘟病、锯齿病毒病、通戈洛、褐稻虱、纵卷叶螟、叶螟，耐旱
长蕊野生稻	24	AA	抗白叶枯、稻瘟病、线虫，耐旱
南方野生稻	24	AA	节间快速成长、耐旱
长颖野生稻	24	AA	节间快速成长、雄性不育
斑点野生稻	24，48	BB，BBCC	抗褐稻虱、电光叶螟
小粉野生稻	48	BBCC	抗白叶枯、稻瘟病、纹枯病、褐稻虱、白背稻虱、叶螟
药用野生稻	24	CC	抗稻狗马、白叶枯、通戈洛、褐稻虱、白背稻虱、叶螟
根茎野生稻	24	CC	生殖根
紧粉野生稻	24	CC	抗白叶枯病、褐稻虱、白背稻虱、叶螟

（续表）

野生稻	染色体数	染色体组	优良特性
阔叶野生稻	48	CCDD	抗褐稻虱、白背稻虱、高生物产量
高秆野生稻	48	CCDD	高生物产量，抗三化螟、褐稻虱
重颖野生稻	48	CCDD	高生物产量
澳洲野生稻	24	EE	抗白叶枯、褐稻虱、耐旱
颗粒野生稻	24	GG	耐阴，适应旱地
疣粒野生稻	24	GG	耐阴，适应旱地
长护颖野生稻	48	HHSS	抗白叶枯、稻瘟病
马来野生稻	48	HHSS	抗白叶枯、稻瘟病、褐稻虱、螟虫、稻水蝇
蜞药野生稻	24	FF	抗白叶枯、褐飞虱、大螟、纵卷叶螟、稻水蝇
蜞粉野生稻	48	HHKK	葡伏生殖根

（2）野生稻评价技术的发展

20 世纪 70 ~ 80 年代，野生稻优良特性的常规评价通常在田间、温室和实验室进行，表现为个体水平的传统评价。在此期间，国际水稻研究所制定了用于田间和实验室的"水稻标准评价体系"（standard evaluation system for rice），从农艺性状、抗病虫特性到品质性状共 133 项，对近 2.1 万余份（次）份野生稻材料进行了生物和非生物胁迫评价，发掘出一批稳定的抗病虫和耐不良土壤的材料应用于育种。表 1－2 列出了部分已用于栽培籼稻育种的野生稻优异材料。

表 1－2 具有优异抗病虫和耐不良土壤特性的野生稻材料

特性	野生稻	染色体组	IRRI 编号
抗草丛矮缩病	普通野生稻	AA	101508
抗白叶枯病	药用野生稻	CC	100896
	小粉野生稻	BBCC	101141
	阔叶野生稻	CCDD	100914
	澳洲野生稻	EE	100882
	蜞药野生稻	FF	101232

（续表）

特性	野生稻	染色体组	IRRI 编号
抗稻瘟病	小粉野生稻	BBCC	101141
褐稻虱	紧粉野生稻	CC	100896
	小粉野生稻	BBCC	101141
	阔叶野生稻	CCDD	100914
	澳洲野生稻	EE	100882
抗白背稻虱	紧粉野生稻	CC	100896
胞质雄性不育	尼瓦拉野生稻	AA	多份材料
	长颖野生稻	AA	104823
	南方野生稻	AA	100969
抗通戈洛病毒病	蜈舌野生稻	AA	105908, 105909
抗蜈虫	长蕊野生稻	AA	多份材料
抗纹枯病	小粉野生稻	BBCC	101141
抗线虫	尼瓦拉野生稻	AA	多份材料
抗耐酸土、铁、铝毒	蜈舌野生稻	AA	106412, 106423

随着生物技术的进步，野生稻的遗传评价方法已从个体水平进入到分子水平，为有效评价、快速发掘有利基因提供了技术保障。杂种鉴定技术栽培稻与野生稻种间的远缘杂交，无论是有性杂种或无性（体细胞）杂种，携带野生稻有利基因的染色体、染色体片段或基因是否进。融入杂种，除在形态、生理生化、细胞学特性上进行甄别外，还可根据分子生物学的证据作出判断。鉴定远缘杂种应用较多的是 RAPD 分析、RFLP 分析、荧光原位杂交（flourcsence *in situ* hybridzation，FISH）和基因组原位杂交（genomic *in situ* hybridization，GISH）。荧光原位杂交技术（FISH）和基因组原位杂交（GISH）可以清晰检测到远缘杂交中染色体片段是否已经渗入到杂种中，了解染色体重排情况。国际水稻研究所采用 FISH 技术，清晰地检测到下述栽野远缘杂交的染色体重组/染色体片段渗入的证据：AA×CC，AA×BBCC，AA×EE，AA×FF，AA×GG，AA×HHJJ，BBCC×HHJJ 以及 EE×HHJJ。GISH 技术还可快速鉴定栽培稻与野生稻杂种后代的基因组组成，Yi 等利用 GISH 技术，证实栽培稻与小粒野生稻（BBCC）的天然杂种由 A、B 和 C 3个染色体组组成。

PCR 和 SSR 分析技术 PCR 和 SSR 等技术已广泛应用于野生稻的遗传多

样性检测和评价，这对于了解野生稻的遗传变异和进化关系，实施野生稻原生境保护提供了依据。

分子标记和基因定位技术 应用基因定位技术已鉴定和定位了若干野生稻抗病虫基因，为优良基因转移到栽培稻奠定了基础。应用分子标记和基因定位技术，已将长雄蕊野生稻的抗白叶枯病基因 Xa21 定位于第 11 染色体上，其最近的分子标记为 RG103。澳洲野生稻的 1 个抗褐飞虱基因定位于第 10 染色体，其最近的分子标记是 RG457。发现了 1 个普通野生稻材料有两个高产基因 yld1 和 yld2，现已分别定位于第 1 和第 2 染色体。Mar timer 等用栽培稻 BG90 2 与普通野生稻的 1 个材料杂交，检测到 69 个与产量有关的 QTL，其中，有 18 个（占 26%）与增进产量有关，有两个增产基因的最近分子标记为 RM13 和 RM242，分别定位于第 5 和第 9 染色体。

高代回交 QTL 分析法和渗入系分析法 栽野杂交后代会出现农艺性状差，不利基因出现频率高且与有利基因连锁的问题，限制了野生稻在水稻育种中的应用。Tanksley 等提出了高代回交 QTL 分析法（advanced backcross QTL a-nalysis，ABQTL），即将 QTL 的分析推迟到回交的 BC2 和 BC3 等高代群体，在 BC2 或 BC3 群体中检测得到的 QTL，再通过 1 ~ 2 次回交得到 QTL 的近等基因系。该近等基因系，一方面可以验证所定位的 QTL 的真实性；另一方面又是经过改良的品种，可以直接用于生产。随后，Zamir 提出了渗入系分析法（introgression line analysis），即通过系统回交和自交并利用分子标记辅助选择的手段使供体染色体片段渗入到受体亲本中，获得染色体片段代换系（chromosomal segment substituted line）。由于渗入系的遗传背景与受体亲本大部分相同，只有少数渗入片段的差异，因此，渗入系和受体亲本的任何表现型差异均由渗入片段所引起，这样简化了遗传背景，可以精细评价渗入片段的效应。

1.3.2 国外对野生稻优良性状的利用

(1) 应用常规技术利用野生稻优良性状

20 世纪 70 年代，从中国海南岛的普通野生稻中发现并转育的胞质雄性不育基因 cms，开创了我国三系杂交水稻大面积应用的新纪元。目前，从菲律宾、印度等国的普通野生稻中也发现了胞质雄性不育基因，并转入栽培稻中育成了不育系如 IR58025A、IR62829A、IR66707A 等，可惜至今还未鉴定或育出可与之匹配的优良恢复系。20 世纪 70 年代，从印度北方邦的尼瓦拉野生稻的一个编号材料（Acc101508）中发现了高抗草丛矮缩病的基因 Gs，并成功转入 IR26、IR36、IR64、IR72 等热带栽培稻中，被热带和亚热带稻作国家广泛应用。该基因至今未在栽培稻中发现，是唯一从野生稻中发现的抗草丛矮缩病基因。具有白叶枯病广谱抗性的 Xa21 基因，是 20 世纪 90 年代从非洲的长雄蕊野生稻中发现的，被成功地通过传统杂交技术转入 IR24，培育出携带 Xa21 基因的近等基因系 IRBB21、IRBB60 等，已被世界各国广泛应用于抗病育种。国际水稻研究所报道，印度、泰国、菲律宾等国已将 Xa21 基因成功转入栽培稻中，培育出高产且具白叶枯病广谱抗性品种，如 Swarna、Mahsuri、Triguna、PusaBasmati 1、KhaoDakMali、PR106 等，正在大面积推广中。已成功地将长雄蕊野生稻的抗白叶枯病基因、小粒野生稻的抗稻瘟病基因、尼瓦拉野生稻的抗通戈洛病毒病基因、普通野生稻的耐酸性土壤和胞质雄性不育基因导入栽培稻中。此外，已将长雄蕊野生稻（AA）、药用野生稻（CC）和小粒野生稻（BBCC）的抗白叶枯病基因转入新株型超级稻材料中。一些从栽培稻与药用野生稻、栽培稻与普通野生稻杂交后代选出的优良株系已被命名为品种，其中，IR64/O. rufipogen 的后代品系 IR73385 14216 高抗通戈洛病毒病，已在菲律宾推广。越南利用本国的普通野生稻材料，与国际水稻研究所合作，育成了高产、早熟品种 AS996（IR64/O. rufipogen）。AS996 耐酸性硫酸土，且抗稻瘟病和褐稻虱，2005 年在湄公河稻区的种植面积已超过了 12 万 hm^2。目前，国际水稻研究所正将普通野生稻和长雄蕊野生稻的高产基因、普通野生稻耐土壤铝毒基因转入栽培稻。

（2）应用生物技术利用野生稻优良性状

稻属种间，特别是不同染色体组间的远缘杂交，将发生严重的杂交不实、杂种不育和遗传累赘等问题，采用常规手段通常难以解决。虽然某些常规技术可以部分解决栽野杂交不育或杂种不育问题，如秋水仙碱处理亲本染色体加倍，或杂种染色体加倍等，但遗传累赘难以克服，特别是对非 AA 染色体组的栽野杂交，效果不理想。近年发展的生物技术在解决栽培稻与野生稻种间远缘杂交的生殖障碍问题上已获得了令人鼓舞的进展，为野生稻有利基因的有效、高效利用开辟了道路。

胚培养　将受精后 8 ~ 14d 的幼胚，甚至授粉后 6d 的球形幼胚放在适宜的培养基（通常为 1/4MS 培养基）中进行胚培养，有可能获得正常的幼胚或杂种。原产非洲的短药野生稻（FF，2n = 24）具有对螟虫、纵卷叶螟、白叶枯病和稻瘟病良好的抗性。国际水稻研究所的科学家将优良栽培稻 IR56 与该短药野生稻杂交并经胚培养，获得了一系列异源附加系（2n =

25）。密穗野生稻（P. coarctata，2n＝48）生长于亚洲一些国家的沿海地带，能忍受较长时期的海水浸泡，具有较强的耐盐性（30～40ds/m，ECe）。将 IR56 与密穗野生稻杂交后采用胚培养技术，获得了耐盐性较强的 F1 及后代。

体细胞融合　体细胞融合能避开有性杂交受精前的种种障碍，将两物种的整套染色体结合到一起，形成双二倍体（amphidiploid）。体细胞融合的独特之处还在于在细胞融合过程中，某一物种的染色体可能被排除，促使物种间细胞器（线粒体、叶绿体等）的转移，产生新的细胞质杂种（cybrid）。Hayashi 等采用电融合技术获得了 250 株栽培稻与 4 种野生稻（药用、紧穗、短药和普通野生稻）的成熟体细胞杂种植株，采用农艺性状、同工酶、核型分析等证实它们是真实的无性杂种植株。He 采用改进的电融合技术，成功地获得了栽培稻与宽叶野生稻的体细胞杂种植株。密穗野生稻的一个材料耐盐性强，将栽培稻台北 309 和该密穗野生稻的原生质体采用电融合技术已获 8 个无性杂合株系，其中，一个株系为异源六倍体（2n＝72）。

单体异源附加系的建立　培育单体异源附加系（monosomic alien addition lines，MAALs），可用于野生稻基因的染色体定位和栽培稻遗传改良。据统计，通过栽野杂交、回交和胚拯救，至少已获得了 6 个非 AA 染色体组野生稻的 7 种 MAALs。Jena 等利用 3 个栽培稻品系与 18 个药用野生稻杂交和回交，从 BC2F1 群体获得了 12 个 MAALs，在随后的基因定位分析中，确认其中的褐稻虱和白背飞虱的抗性基因位于药用野生稻第 6 染色体上。Multani 等以栽培稻品系 IR31917 45 3 2 的同源四倍体与澳洲野生稻进行杂交、回交，从 BC2F2 选得若干 2n＝25 的植株，再与 IR36 初级三体比较，获得了 8 个 MAALs。经基因定位分析，确定其中的褐稻虱和白叶枯病抗性基因位于澳洲野生稻的第 12 染色体上。近年他们在栽培稻品系 IR31917 45 3 2 和宽叶野生稻的杂交、回交后代中，建立了除第 3 染色体之外的 11 个连锁群的 MAALs，并证实白背稻虱和白叶枯病抗性基因已渗入栽培稻。

建立野生稻外源基因渗入系　通过常规的栽野杂交，特别是非 AA 染色体组间的栽野杂交，难于克服连锁累赘和分离世代长的问题。即使建立 MAALs，由于多了单条染色体，也同样带来了一定的连锁累赘，不利于野生稻有利基因在育种上的利用。如将野生稻染色体的某一片段或多个片段整合到栽培稻的某一条染色体上，构建野生稻外源基因渗入系（alien introgression line），可大大减少连锁累赘，并作为中间材料用于育种，可达到改良栽培稻品种个别目标性状的目的。Brar 等通过杂交、回交、胚培养等建立了以短花药野生稻和颗粒野生稻为供体的渗入系，利用 52 个 RFLP 标记，在第 6 和第 11 染色体上检测到 1 ~ 2 个颗粒野生稻 RFLP 标记的渗入，在第 6、第 7、第 9 和第 11 染色体上检测到 1 ~ 2 个短花药野生稻 RFLP 标记的渗入。近年，Ahn 等建立了以粳稻品种 Hwaseongbyeo 为基础的大护颖野生稻（CCDD）的渗入系，用 12 个 RAPD 标记检测，发现该渗入系有 8 个 RAPD 标记扩增片段是大护颖野生稻的特异带，用 250 个 SSR 标记将至少 11 个渗入片段定位在第 3、第 7、第 8、第 9、第 11、第 12 染色体上。Chee 等用栽培稻与小粒野生稻杂交，从后代中获得了 41 个渗入系和 120 个可能的单体附加系，并用 SSR 标记对渗入片段和染色体分布进行了检测。目前，利用杂交、回交和分子标记辅助选择相结合的技术手段，已由多片段代换系向单片段代换系群体（single segment substitution lines，SSSLs）发展。当 SSSLs 内的所有代换片段之和能覆盖全基因组时，即可转变成一个染色体 SSSL 文库，用于全基因组 QTL 的检测，开展染色体片段的分子设计聚合育种。不过，以野生稻为供体的 SSSLs 仍处于起步研究中。野生稻种全基因组测序国际水稻基因组测序计划始于 1997 年。2002 年，Science 同时发表了籼稻和粳稻基因组框架图，中国也于 2002 年 9 月启动了水稻功能基因组计划，国际水稻基因组测序计划提前完成了粳稻基因组的精确图。水稻基因组的成功测序不但是禾谷类作物基因组研究的一个里程碑，也为加速野生稻优异基因的评价和利用提供了可贵的机遇。美国于 2005 年启动了野生稻种全基因组测序项目（Oryza map alignment project，OMAP），拟建立一个宽广的野生稻种全基因组图谱，以研究野生稻的进化关系，推动目标基因的定位和克隆。迄今，OMAP 项目已建立了 12 个高品质的野生稻 BAC 文库及其相应的指纹数据，建立了 6 个稻种的物理图谱（尼瓦拉野生稻、普通野生稻、非洲栽培稻、药用野生稻、斑点野生稻和短药野生稻）。该项目的研究成果将为野生稻资源的评价、研究和利用带来重大的，或许是革命性的变化。

(3) 野生稻核心种质的构建

作物核心种质的构建是目前作物遗传资源的研究内容之一。Frankel 认为，从现存种质样品中选出一部分样品，组成核心样品，该核心样品应具有最少的数量、最小的重复，但却代表一个作物种及其野生近缘种的最大遗传多样性，这为种质资源的有序、高效利用提供了一条可行的途径。考虑到稻属野生种的多样性和分布广泛性，种植、繁殖和保存的不易性以及研究者对野生稻种质要求的不断增长，Vanghan 提出了国际水稻研究所建立野生稻核心种质的构建原则：①根据野生稻种和亚种的染色体组型，取样划分为 26

个组（group）；②根据地理分布，变异情况和已收集到的样本量，确定具体取样比例；③确定 1 ~ 5 个具有显著差异性和多样性的性状，使每份核心样品具有代表性。据此，国际水稻研究所构建的野生稻核心种质具有如下特点：（a）多年生普通野生稻（O. rufipogon）、杂草型野生稻（O. spontanta）和一年生尼瓦拉野生稻（O. nivara）的分布广，样品量大，其取样比例分别为 11%、13% 和 13%。（b）染色体组型，AA 型占 62%，CC 型占 14%，FF 型占 2%，其他组型占 7%。（c）地理分布，亚洲取 10 个野生种，占核心样品总量的 60%；非洲 5 个种，占 26%；拉丁美洲 4 个种，占 10%；澳洲 3 个种，占 4%。

日本国立遗传所现保存野生稻材料 2 263 份，根据野生稻种的农艺性状（表现型）、分布范围、特殊性和供种能力，建立了 3 套野生稻核心种质，分别代表 18 个种、9 种染色体组型（AA、BB、CC、BBCC、CCDD、EE、FF、GG 和 HHJJ）。第一套野生稻核心种质，具有高度代表性，18 个种，共 44 份样品。第二套野生稻核心种质，推荐利用，18 个种，共 64 份样品。第三套野生稻核心种质，提供更多的样品用于研究，共 171 份样品，有广泛的特性鉴定数据。3 套野生稻核心种质样本相互不重复，可根据研究者的不同要求提供。

1.3.3 国外对野生稻种质资源的经济研究

国外对水稻产业的研究非常重视，不管是现在还是将来，水稻都将是世界上重要的粮食作物。美国农业部（USDA）把水稻及其相关产品纳入自己的农业宏观模型体系加以重点研究，其每年主编的 *Rice Situation and Outlook Yearbook* 中，从生产和贸易等方面详细分析了美国水稻经济，同时，对主要的稻米进出口国进行分析和预测，给出全球和各国水稻进出口的数量和主要出口国的 FOB 价格，并据此向全社会定期发布其研究和预测结果。美国农业部于 2007 年 5 月首次批准种植含人体蛋白的药用转基因水稻。这种转基因水稻产出的大米含有人类乳汁中常见的溶菌酶、乳铁蛋白以及人类血清蛋白。其中，前两者具有抗菌作用。研究公司计划将该转基因大米制成饮品，治疗肠胃感染引起的腹泻等疾病，并用作贫血等症状的饮食补充。Cristina David 和 Keijiro Otsuka 在《现代水稻技术和亚洲收入分配》一书中对 7 个具有不同生产环境和土地政策的亚洲国家进行了分析，认为仅仅对灌溉较好和气候适宜的地区采用现代水稻的新品种，将加剧收入分配的不平衡性，由此说明了水稻技术对收入分配的影响程度。M. Sombilla、M. Hossain 和 B. hardy

主编的《亚洲水稻经济的发展》一书中收集了主要水稻生产国家中水稻的供给、需求和贸易研究的文献，主要说明了水稻生产增长和生产率的提高情况：如应用全要素生产率的分析方法研究政策制度变化对水稻产业的影响；如何通过改进政策促进水稻生产的进一步增长；需求和供给参数的决定；中长期关于水稻需求和供给的项目内容。

E. 斯伟特利夫和 F. 彼得森对中国稻谷消费的经济分析认为，随着我国人均收入的提高，稻米消费者不仅关心大米的数量，而且越来越关心大米的质量。尽管优先性在国与国之间变化，但优质米优价是不变的事实。随着收入的进一步增加，中国人均稻米消费量可能会降低，并指出中国稻米出口数量持续不断增加，很可能导致世界稻米价格的下跌。James Hansen. Etc. 从消费结构上分析指出：中国稻米食用消费在 1.4 亿 t 左右，饲料消费在3 150万 t，工业消费在 1 000万 t，种子用粮 300 万 t，损失损耗 500 万 t。水稻消费具有明显的区域性特点，南方稻区的 13 个省占全国稻米生产量和消费量的 90% 左右，并呈现"南籼北粳"的特征。

1.4　国内研究动态

1.4.1　关于野生稻种质资源的研究

孙新立等（1996）利用同工酶研究了 680 份栽培稻和 88 份中国普通野生稻的遗传多样性，发现普通野生稻的遗传多样性高于栽培稻。孙传清等（2000）利用分子标记从多态位点的比率、等位变异数、平均基因杂合度及平均基因多样性等多个方面也对普通野生稻和亚洲栽培稻的遗传多样性进行了比较，结果表明，野生稻的遗传多样性明显高于栽培稻，栽培稻的主要基因在野生稻中已经具有，而相反，野生稻中的许多基因在栽培稻的进化过程中已经丢失。说明从野生稻演化成栽培稻的过程中，经过自然选择和人工选择，遗传多样性显著降低。因此，野生稻是比栽培稻蕴藏着更丰富基因多样性的遗传资源宝库。

1.4.2　关于稻米消费与市场需求研究

全世界约有 1/2 的人口以稻米为主食。其中，亚非拉地区约 4/5 的人口以稻米为主食，加上近年稻米生产国对稻米加工用途的拓展，全球大米消耗量持续增长。黄季馄研究发现，大米需求的收入弹性较高而价格弹性偏低。

中低质籼米、优质杂交籼米和粳米的需求收入弹性分别为 -0.12、0.10 和 0.14，即当农民的收入提高 10% 时，中低质籼米的消费将下降 1.2%，而优质杂交粳米和粳米则分别上升 1.0% 和 1.4%。他预测中国水稻生产在相当长的一段时间内将保持低速增长，主要是因为水稻科技投资和农业基础设施的投资增长缓慢以及水稻的比较效益和相对优势下降。杨万江等对南方稻区稻谷消费总态势及城乡稻米消费分析得出，农民人均稻谷消费量下降与人均生活支出增长有较强的负相关关系，人均稻谷消费量随肉禽蛋鱼等动物性食物消费量的增长而降低。我国稻米消费的近期变化呈现出北方消费增长快、粳米消费增长快、低收入人群消费增长快等特点。

从宏观需求看，我国有 85% 以上的人口以大米为主食，随着人口增长，粮食需求量显著增加，从市场经济发展的需求来看，优质已成为稻米加工、贸易发展的必然需要。随着人民生活水平提高以及我国加入 WTO，稻米产品必须面向国际市场发展的需要，全方位提升稻米的品质档次和市场竞争力，除了要求提高稻米的外观和营养品质外，卫生和安全品质已越来越受到重视。

1.4.3　关于稻米产业化研究

20 世纪 90 年代后期，在中国部分地区出现的稻米产业化经营，在一定程度上改变了中国稻米传统的生产和经营方式，对解决稻米品质问题、稻米生产波动问题以及稻农就业和增收问题都发挥了积极作用。朱希刚等对我国的稻米生产和一体化经营进行了研究，认为稻米产业化经营包括 5 个环节，即水稻科研、水稻生产、稻米加工、稻米消费和稻米的进出口，并总结了稻米产业化经营的"公司 + 农户"、"公司 + 水稻科研术推广机构 + 农户"、"公司 + 专业合作社"等实践模式，就各地实例对各模式进行介绍与剖析。刘培阳等认为优质稻米产业化即"优质稻米工业化"，也可称为"优质稻米企业化"，是用产业化思路发展优质稻米产业，构建农技部门、稻米加工企业以及生产基地（农户）三者利益共同体，开展优质稻米"订单生产"或"合同种植"，结合"公司 + 基地 + 农户"或"农技部门 + 基地 + 企业"等多种形式的订单或合同，突破产销脱节障碍，逐步形成优质稻米"链式"开发新模式。

李克勤、李淑英、袁守江认为，组织科研院所、大专院校、种业集团及龙头企业，瞄准高档大米的消费市场，加强优质高产多抗品种的选育协作攻关，培育出适应消费者、生产者、经营者需求的优质稻新品种，加大优质稻新品种配套栽培技术的研究和推广、大力推行稻米无公害化生产、加强优质稻米基地建设、建立健全稻米质量标准体系，同时政府加强扶持力度，实现企业规模化生产，是推动优质稻米产业化的有效发展对策。在与水稻产量相关的功能基因研究上，中科院上海生科院植物生理生态所取得突破性进展，成功克隆控制水稻粒重的基因 GWZ。科研人员通过分子标记辅助育种方法，将水稻大粒品种的 GWZ 基因导入小粒品种，培育成新株系，并与小粒品种进行比较试验。结果表明，新株系每穗的粒数虽减少了 29.9%，但粒重增加 49.8%，因此，单株产量仍增加近两成。从外观上看，大粒的粒径变得更宽，体积是小粒的 1.5 倍左右。这种拥有自主知识产权的"基因钥匙"，在高产分子育种方面显示出重要应用前景。杜强研究指出，中国水稻产业应通过建立具有国际知名品牌和辐射带动能力强的龙头企业，形成以国内外大市场需求为导向，以产加销、贸工农各产业链为一体，以专业化服务为纽带，以现代科技为依托，生产、加工、销售、科研和农技服务有机结合、互相促进的水稻产业化新体制、新机制，推进水稻产业向"区域化布局、规模化经营、专业化生产、社会化服务、品牌化营销"的现代农业转变。杨少化认为，要做强稻米产业这篇文章，应坚持以龙头企业为支撑，并且指出，科研开发是基础、基地订单是桥梁、品牌经营是核心、市场营销是关键、农民增收是前提、产业集群是方向、环环相扣是要求、企业文化是动力。陈波对江苏省兴化市 290 个农户采用水稻新技术行为和参与稻米产业化经营行为进行了实证研究，认为政府的推动作用、稻米市场发育情况、龙头企业强弱以及中介组织的有无都会影响到农户参与稻米产业化的积极性。

查贵庭对国内稻米的生产、加工、消费和贸易现状进行了分析，发现我国稻米产业波动性显著，并存在品质不高、产品附加值低、品牌意识弱以及市场管理水平和组织化程度低等诸多问题。现阶段我国稻米产业不仅需要继续鼓励和提高生产能力、提高产业组织化程度、保证国内稻米供应，而且还需要不断提高品质、发展加工、树立品牌、加快流通，提高稻米产业的竞争力。王芳对我国籼米生产、消费和贸易进行系统分析和历史分析，并对籼稻产区进行比较研究，合理划分籼稻生产的优势区域，以此分区域提出籼稻产业发展的对策建议。王明利对我国粳米生产、消费和贸易进行了研究，构造了我国粳米的供求分析系统，以此来揭示影响我国粳米供求的各种重要因素以及各因素的影响程度，特别是在 WTO 框架下我国粳米的贸易态势和国际竞争力问题，同时，根据当前我国粳稻产业的发展态势以及对影响粳稻产业发展的各重要因素进行分析，并对我国粳稻产业的未来发展提出相应的对策和建议。张小平对湖南省稻米产业发展中存在的问题进行了剖析，提出要正确认识入世对湖南稻米产业的影响；通过放开粮食市场、培植大型稻米股份公司、建立优质稻生产基地、加大科研推广力度、引进改造加工设备和技术措施，来提高湖南省稻米产业在国际市场的竞争力。

1.5　国内外研究动态评述

1.5.1　已有研究的总结

从宏观层面对稻米产业化经营研究较为深入，对稻米生产、加工、消费、市场贸易也有较多的分析，这为野生稻种质资源分层次开发提供了分析方法和前提。

1.5.2　主要不足

主要不足在于已有研究缺乏从热带农业分层次发展和产业链的角度分析海南岛野生稻产业的整个链条。

鉴于以上的评述，本文拟借鉴国内外有关理论及相关文献资料，对海南稻野生稻种质资源从热带农业分层次发展、农业产业链的视角进行展开分析研究。

1.6　研究思路、方法和技术路线

1.6.1　研究思路

以热带农业分层次发展理论、农业产业链理论等理论为基础，以中国热区种质资源及其产业化发展为研究对象，从组织程度和加工技术水平的角度，研究中国热区种质资源分层次开发问题。论文的假设是"①中国热区种质资源的开发具有分层次的客观性。②中国热区种质资源的配套政策，具有分层次的客观性。"

论证选择了规范研究、实证分析、典型案例、理论推断等方法。预期建立的"中国热区种质资源分层次开发理论框架"是在其他约束条件保持不变的前提下，推行分层次发展策略，能带来更多受益。研究逻辑如下：

同时探索中国热区种质资源开发过程中政策"一刀切"的成因，从分层次角度论证因地制宜的正确性问题。农业政策的实际效果远不能实现预期效果的情况表明，在政策与实际之间还有某些未被充分考虑的因素在发挥作用（图1-1、图1-2）。

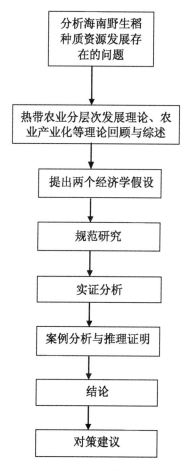

图1-1　研究逻辑框架图

1.6.2 研究方法

（1）系统分析方法

本研究将野生稻种质资源作为一个系统，提出科学的发展思路。

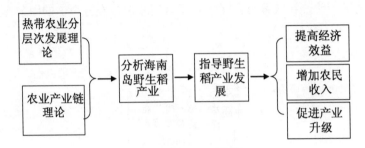

图 1-2   研究思路示意图

（2）定性分析与定量分析相结合

本研究运用定性和定量分析相结合的方法对野生稻种质资源各环节进行分析，剖析其内在的规律性和本质特征。

（3）规范分析与实证分析相结合

本论文采用规范分析与实证分析相结合的方法，不仅对国内外稻米产业链发展现状和海南野生稻种质资源现状进行客观评价与分析，而且通过建立海南野生稻种质资源分层次发展模型进行实证分析。

（4）理论研究与实践研究相结合

本文对野生稻种质资源研究结合了热带农业分层次发展理论、农业产业链理论等相关理论；在研究过程中，实地走访了海南省海口市、三亚市、五指山市等地的农户、企业、消费者和相关政府部门，论文分析具有较深的理论和实践基础。

（5）案例分析法

本研究以海南省农产品运销有限公司为例进行案例分析具有较大的现实意义，通过运用个案研究来弥补产业经济学研究上的缺陷，实现个案研究与共性研究的整合，做到了理论研究和现实操作的统一。

（6）因素分析法

为了比较分层次与不分层次对海南野生稻种质资源开发的影响，本研究采用了"因素分析法"，即假设在其他要素对海南野生稻种质资源发展影响不变的条件下，研究海南野生稻种质资源及其产业化经营层次及其对自身发展的影响。比较分层次与不分层次的最终产出效果，证明分层次开发的科学性。

1.6.3 技术路线

技术路线方案确立如下。

①学习和研究热区农业分层次发展理论和农业产业链理论等专题，分析这些理论形成的前提条件和基本假设，寻找创新突破口。

②系统研究海南野生稻种质资源开发中的各种问题，归纳与总结其基本特性，寻找研究的切入点。

③提出理论假设，面对不同层次的野生稻种质资源开发，分析各投入要素所起的作用的差别，形成分层次开发的理论假设。

④确定研究大纲，制订研究计划，论述研究的可行性。

⑤开题，正式确立研究任务与通过研究方案。

⑥证明假设的科学性、合理性和正确性。

⑦得出结论，并根据结论，提出相应的对策建议。

⑧起草论文，修改论文直到最终定稿，参加答辩。

本章节技术路线，如图1-3所示。

1.7 研究中存在的创新和可能的不足

1.7.1 存在的创新

本章节研究的特色与创新点主要体现在以下方面。

(1) 研究角度有创新

把野生稻种质资源的研究纳入种质资源经济学的分析框架，同时，把热带农业分层次理论、农业产业链理论，定性研究与定量研究、规范分析与实证分析、理论研究与实践研究、案例分析等方法，综合应用到海南野生稻种质资源研究中，充实和增强了论文研究的理论基础和方法体系。

(2) 研究内容有创新

通过大量数据资料和实践材料对野生稻种质资源进行系统认识，分析了海南野生稻种质资源的发展优势和存在问题，并对影响海南野生稻种质资源的相关因素进行了分析，提出提升海南野生稻竞争力的主要措施，为推进海南种质资源开发提供思路。通过对农户、加工企业和消费者实地调查获得第一手资料，对影响农户采用优质稻技术意愿、野生稻加工产业链管理、城镇居民野生稻消费进行了实证研究，并以海南省农产品运销有限公司为案例，

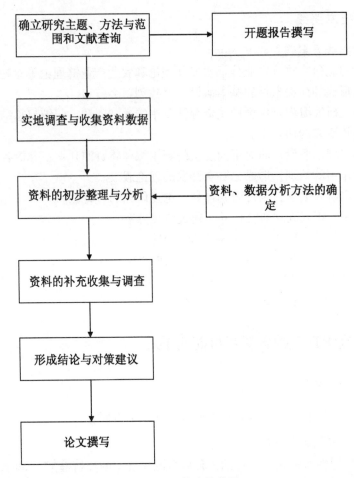

图1-3 技术路线图

对海南野生稻种质资源组织模式进行了分析，探讨了海南野生稻种质资源产业链发展的内在规律和本质，提出了野生稻产业链的发展对策，为政府、野生稻种质资源产业链上相关的投资者和经营者以及其他研究人员正确认识和发展海南野生稻种质资源提供有益参考。

(3) 分层次发展理论框架和政策建议有新意

应用分层次发展框架，从理论上证明海南种质资源开发因地制宜发展观的正确性，为制定新政策提供理论依据。全面推进各个层次的种质资源开发及其产业化经营的发展，实现分层次改造传统农业，加快热区农业现代化进程。

（4）研究结论预期有创新性

应用分层次发展框架，解释和解决以往农业政策"一刀切"问题，从理论上证明海南野生稻种质资源因地制宜分层次开发的正确性，为指定分层次的海南野生稻种质资源开发政策提供理论依据，为创建新的热区作物种质资源开发理论框架提供理论基础和分析思路。

1.7.2　可能的不足

本章节可能的不足之处在于：

本章节首次将热带农业分层次理论、农业产业链理论和信息经济学理论应用于中国热区种质资源的开发之中，因此，对于中国热区种质资源产业链现状的分析的广度和深度有待进一步研究和提高。

另外，本章节所提出的对策措施，具体实施起来可能与现实有一定的距离。

2　实证考察：野生稻种质资源

2.1　中国野生稻栽培史

中国栽培的水稻属亚洲栽培稻（*Oryza sativa*），其祖先种为多年生的普通野生稻（*O. perennis*），在中国东起台湾省桃园、西至云南省景洪、南起海南省三亚市、北至江西省东乡的地区内都有分布。中国野生稻的驯化、品种和栽培技术的进步，都有十分悠久的历史。

2.1.1　起源和产区

稻起源于中国，中国是世界上水稻种植历史最悠久的国家，野生稻被驯化成为栽培稻由来已久。江西万年县仙人洞与吊桶环遗迹、湖南道县玉蟾岩遗址以及浙江浦江县上山遗迹的考古研究证明，我们的祖先早在 10 000 多年以前已经开始驯化和栽培野生稻，而在距今 7 000 多年以前水稻生产技术已达到相当高的水平。浙江余姚河姆渡新石器文化人留下的大量稻谷遗存、骨耜（耕地农具）、家蓄的骨头、陶甑等陶器、干栏式住宅、水井等遗存充分说明了当时稻作农业的成就。到公元前 4 000~3 000 年时，稻作农业已发展到了长江中下游地区、赣江流域、闽江流域、珠江流域，并向北推进到黄河中下游地区，其北线已到达北纬 35°附近。稻作农业的北上促进了稻文化和栗文化的碰撞、交流以及融合。历史进入到公元前 3 000~2 000 年以后，稻作农业已向北扩展到山东半岛，并传播到朝鲜半岛，然后进一步到达日本。

根据 30 多年来的考古发掘报告，中国已发现 40 余处新石器时代遗址有炭化稻谷或茎叶的遗存，尤以太湖地区的江苏南部、浙江北部最为集中，长江中游的湖北省次之，其余散处江西、福建、安徽、广东、云南、台湾等省。新石器时代晚期遗存在黄河流域的河南、山东也有发现。出土的炭化稻谷（或米）已有籼稻和粳稻的区别，表明籼、粳两个亚种的分化早在原始农业时期已经出现。上述稻谷遗存的测定年代多数较亚洲其他地区出土的稻谷为早，是中国稻种具有独立起源的证明。

2.1.2 品种演变

中国是世界上水稻品种最早有文字记录的国家。《管子·地员》篇中记录了 10 个水稻品种的名称和它们适宜种植的土壤条件。以后历代农书以至一些诗文著作中也常有水稻品种的记述。宋代出现了专门记载水稻品种及其生育、栽培特性的著作《禾谱》，各地地方志中也开始大量记载水稻的地方品种，已是籼、粳、糯分明，早、中、晚稻齐全。到明、清时期，这方面的记述更详，尤以明代的《稻品》较为著名。历代通过自然变异、人工选择等途径，陆续培育的具有特殊性状的品种有别具香味的香稻，特别适于酿酒的糯稻，可以一年两熟或灾后补种的特别早熟品种，耐低温、旱涝和耐盐碱的品种以及再生力特强的品种等。现在保存的水稻品种约有 3 万多种，它们是几千年来变异选择的结果。

2.2 海南野生稻栽培史

海南是中国最大的热带省份，热带农业是海南经济的重要基础。热带农业发展得天独厚，具备较大的发展潜力。

中华人民共和国成立后，海南省于 1954 年和 1957 年先后开展过两次规模较大的考古调查。调查收获丰富，发现的器物最具代表性。1954 年在文昌县凤鸣村和海南黎族苗族自治州境内发现大量新石器时代的磨光石斧，还有石锛、石铲、石凿、石锤等工具，以昌化江流域最多，依次为南渡江、万泉河和望楼溪。当时人们用这些石器工具在山冈台地上砍伐森林，钻木取火，从事"砍倒烧光"的原始的锄耕农业。这种原始的农业土地利用，成为后来延续几千年的"刀耕火种"方式的渊源。

在"刀耕火种"的劳动生产过程中，黎族人民培养出了便于山地耕种的旱稻品种——山栏稻（又作山兰稻）是海南独有的粮食作物。黎族人民广泛流传的传说《山栏稻的由来》讲述了山兰稻的由来及其种植方法，这可以看做是海南原始黎族人对野生稻种质资源的最初利用。

海南省有种植稻谷的文献记载始自汉代。《山海经·海内经》记述："有儋耳之国，任姓，禺号子，食谷，北海之渚中。"《汉书·地理志》记：

儋耳、珠崖郡，"男子耕农，种禾稻纻麻"。东汉许慎在《说文解字》写道"耗，稻属，从禾毛声，伊尹曰'饭之美者，玄山之禾，南海之耗'"。"南海"所指不言而喻，所谓"玄山"是指何地呢？司徒尚纪教授综合《水经注·温水》和《广东新语》的解说，认为"亦可指本岛"。杨孚在《异物志》中特别提到："交趾稻，夏冬又熟，农者一岁再种。"海南在汉代曾隶属于交趾。这样看来海南有文献可证的种植稻谷的历史至今大约 2 200 年。由于农业考古的成果已经一再证明：我国稻作的产生及其发展，是由于古代百越族群的不断迁徙而"连稻声和稻种一起传播"的。据此推测，海南岛引入种植稻谷的年代应早于文献记载的 1~2 个千年，至今 3 000~4 000 年。

关于海南省栽培稻的品种，明《正德琼台志》记："稻有秔糯二种，秔为饭米品，著者有九……糯为酒米品，著者有九……"本志中还特别提到"山禾""占稻"还各有数种，"琼诸谷食今多矣。"至清朝道光年间（1821—1850 年）编纂的《琼州府志》记录稻谷品种达 77 种之多，其中，粳之类 54 种，糯之类 23 种；成书于光绪 34 年（1908 年）的《崖州志》记述本地稻种有 28 个，说明历史上崖州地区的稻种不但数量多，而且品质优。屈大均说"吾粤最重占米"，而琼崖历来"黎米最香"。20 世纪 70 年代，我国杂交水稻取得重大突破，获得举世公认的成就，其选育杂交的祖本正是发现在崖州这块风水宝地。

2.3 野生稻种质资源

2.3.1 自然属性

水稻（拉丁语学名：*Oryza sativa*，*Oryza glaberrima*）原产亚洲热带，在中国广为栽种后，逐渐传播到世界各地。域：真核生物域 *Eukaryote*；界：植物界 *Plantae*；门：被子植物门 *Magnoliophyta*；纲：单子叶植物纲 *Liliopsida*；目：禾本目 *Poales*；科：禾本科 *Poaceae*；属：稻属 *Oryza*。

目前的研究认为，稻属共有 23 个种，其中，2 个栽培种、21 个野生种，含有 AA、BB、CC、BBCC、CCDD、EE、GG、HHJJ、FF、HHKK 等 10 个染色体组。稻属野生种广泛分布于亚洲、非洲、拉丁美洲和澳洲的 77 个国家，其共同祖先（commonancient）生长于 1.3 亿年前的冈瓦纳兰古大陆（Gondwanaland）。由于冈瓦纳兰古大陆的裂解和漂移，稻属植物的共同祖先遂分布于世界各地，在不同的生态环境和地理条件下演变、进化为不同的野生稻种。

目前，野生稻资源的种质库保存量超过 2.1 万份（包括复份），其中，中国、印度、日本等国以及国际水稻研究所等分别保存有各种野生稻材料 5 599 份、1 591 份、2 263 份和 4 447 份。在长期的生存竞争和自然选择下，野生稻及其近缘种积累了大量的优良特性（基因），成为栽培稻遗传改良的丰富基因源和不可替代的物质基础。因此，野生稻的收集、评价、保存和利用已引起人们的极大关注，其潜在作用日益凸显。

关于稻属分类历来有不同见解。1931 年 R. J. 罗舍维兹（Roschevicz）在前人工作基础上，全面研究了稻属分类，在其分类检索表中提出了 19 个种，并根据植株性状和地理分布把 19 个种分为四组；其后，A. 薛瓦利埃（Chevalier，1932）、D. 查特尔吉（Chatter-jee，1948）、S. 萨姆帕思（Sampath，1962）、馆冈亚绪（1963）、N. M. 纳亚（Nayar，1973）和张德慈（1976）等又陆续对稻属分类作了修改和补充，但至今尚未得出统一定论。公认的稻属的种有 22 个（表 2 – 1）。其中，有两个栽培稻种，即非洲栽培稻（又名光身稻）、亚洲栽培稻（又名普通栽培稻）。

在 20 个野生稻种中，迄今在中国仅发现 3 种，即普通野生稻、药用野生稻和疣粒野生稻。分布范围南起海南省崖县（18°09′N），北至江西省东乡县（28°14′N），东起台湾省（121°E），西至云南省盈江县（97°56′E）。福建、湖南、江西等省有普通野生稻，广西壮族自治区有普通野生稻及药用野生稻，中国台湾省有普通野生稻和疣粒野生稻，广东、云南两省则 3 种野生稻均有。至于与普通野生稻近缘的一年生的尼瓦拉野生稻，其分类地位在中国尚未确立。

普通野生稻（*O. rufipogon* W. Griffith）在中国以往沿用的学名为（*O. sativa. L. f. spontanea*）。E. D. 墨里尔（Merrill）曾于 1917 年在广东省罗浮山麓至石龙平原发现普通野生稻。1926 年，丁颖在广州市郊犀牛尾的沼泽地中也有发现。1935 年，中国台湾报道的（*O. formosa Masa-muneet Suzuki*）也就是这种普通野生稻。此后，又陆续有发现普通野生稻的报道，证明其分布北限为 25°11′N。

由中国农业科学院等单位完成的《中国农作物种质资源收集保存评价与利用》课题，该项研究收集野生稻种质 5 000 余份，并首次在江西省东乡、湖南省茶陵和江永等地发现 8 处普通野生稻分布点，打破了国际上公认的普通野生稻分布北限为 25°N 的结论，特别是江西省东乡野生稻的发现，使分布北限推移到 28°14′N，向北延伸了 3°14′，明确了我国普通野生稻在世界上的独特性（图2-1）。此项成果获2003年度国家科技进步一等奖。

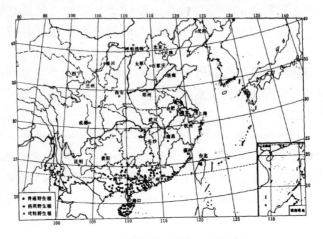

图2-1　中国野生稻分布区域示意图

　　野生稻根为须根，发达，从地上部接近地面的茎节或在水中的茎节也能长出不定根。茎成匍匐状，有高节位分枝及须根，无典型的地下茎。部分植株还有随水位加深，茎长随之延伸的特点。株高在60～300cm，通常为100～250cm，地上部节间数一般有6～8个，多者达12个。叶鞘及茎基部节间多呈紫色或淡红色，深浅不一，间有绿色者。茎粗一般0.4～0.6cm。分蘖力强。其营养根茎的宿根越冬性强。叶狭长，一般长15～30cm，宽0.5～1.0cm，剑叶长12～25cm，宽0.4～0.8cm；叶开张角度大（90°～135°）。叶耳黄绿或淡紫色，具有长茸毛。叶舌膜质，有紫色条纹，顶部尖，无茸毛。叶枕无色或紫色。穗为圆锥花序，散生，穗颈较长，一般20cm以上，穗长10～30cm，枝梗少，通常无第二次枝梗。一般每穗20～60粒，多者可达百余粒。外颖顶端红色并具浅色坚硬的芒，芒长2.5～8cm。正常天气上午9：00～12：00始花，柱头紫色，外露，结实率30%～80%。内外颖于开花期为淡绿色，成熟期为灰褐或黑褐色；护颖披针状，顶端尖。籽粒狭长，一般0.7～1.0cm，宽0.2～0.3cm，千粒重19～22g。极易落粒，边成熟，边掉落。成熟期种皮红色，米粒大多无垩白，呈玻璃质（表2-1）。

表 2-1　稻属种别及其染色体数、染色体组和地域分布

种　名	染色体数	染色体组	分　布
O. alta Swallen（高秆野生稻）	48	CCDD	中美、南美
O. australiensis Domin（澳洲野生稻）	24	EE	澳大利亚
O. barthii A. Chev.（*O. breviligulata*）（巴蒂野生稻）	24	AgAg	西非
O. brachyantha A. Chev. et Roehr.（短药野生稻）	24	FF	西非、中非
O. eichingeri A. Peter（紧穗野生稻）	24, 48	CC, BBCC	东非、中非
O. glaberrima Steud（非洲野生稻）	24	AgAg	西非
O. glumaepatula Steud（*O. perennis sp. cubensis*）（长粒野生稻）	24	AcuAcu	南美、西印度群岛
O. grandiglumis（*Doell*）*Prod.*（重颖野生稻）	48	CCDD	南美
O. granulata Nees et Arn. ex Hook f.（颗粒野生稻）	24	—	南亚、东南亚
O. latifolia Desv.（宽叶野生稻）	48	CCDD	中美、南美
O. longiglumis Jansen（长护颖野生稻）	48	—	新几内亚
O. longistaminata A. Chev. et Roehr.（*O. barthii*）（长药野生稻）	24	A1A1	非洲
O. meridionalis N. Q. Ng（南方野生稻）	24	—	澳大利亚
O. meyeriana（*Zoll. et Morill ex Steud*）*Baill*（疣粒野生稻）	24	—	东南亚、中国南部
O. minuta J. S. Presl ex C. B. Presl（小粒野生稻）	48	BBCC	东南亚
O. nivara Sharma et Shastry（*O. fatua, O. sativa f. spontanea*）（尼瓦拉野生稻）	24	AA	南亚、东南亚、中国南部
O. officinalis Wall. ex Watt（药用野生稻）	24	CC	南亚、东南亚、中国南部
O. punctata Kotschy ex Steud（斑点野生稻）	48, 24	BBCC, BB（?）	非洲
O. ridleyi Hook f.（马来野生稻）	48	—	东南亚
O. rufipogon W. Griffith（*O. perennis, O. fatua, O. perennis subsp. balunga*）（普通野生稻）	24	AA	南亚、东南亚、中国南部
O. sativa L.（亚洲栽培稻）	24	AA	亚洲

（续表）

种 名	染色体数	染色体组	分 布
O. schlechteri Pilger（极短粒野生稻）	—	—	新几内亚

全球现约保存 42 万份稻属种质（包括重复）。国际上已建立起较为完整的包括长、中、短期的稻属遗传资源保存体系，国际水稻研究所（IRRI）负责全球稻属遗传资源的收集与保存，以亚洲栽培稻和野生稻为主，西非水稻发展协会（WARDA）负责非洲栽培稻和野生稻，国际热带农业研究中心（CIAT）负责保存拉丁美洲的稻种资源。

2.3.2　水稻分类

由于稻是人类的主要粮食作物，目前世界上可能超过有 14 万种的稻，而且科学家还在不停地研发新稻种，因此，稻的品种究竟有多少，是很难估算的。有以非洲米和亚洲米作分类，不过较简明的分类是依稻谷的淀粉成分来粗分。稻米的淀粉分为直链及枝链两种。支链淀粉越多，煮熟后会黏性越高。

（1）中国稻种资源的种类和数量

中国稻种资源的种类目前一般分为地方种、育成种、外引种、杂交稻"三系"、野生种和遗传标记材料 6 类：

①地方稻种数居各类稻种之首为 50 530 份，占总数的 70.2%；

②国内选育稻种数为 4 085 份，占总数的 5.7%；

③国外引进稻种数为 8 686 份，占总数的 12.1%；

④杂交水稻"三系"资源数为 1 605 份，占总数的 2.2%；

⑤野生稻种资源数为 6 944 份，占总数的 9.6%；

⑥遗传标记材料数为 120 份，占 0.2%。上述的 71 970 份材料中，除外引稻种和遗传标记材料之外，属我国独有的稻种数共 63 164 份，占编目总数的 87.7%，居世界产稻国之首。

（2）中国稻种资源的类型和主要特点

①地方稻种的类型及特点。据统计，在 50 530 份地方稻种中，除 55 份因某种原因，田间鉴定资料不全，类型难划定外，其余 50 475 份稻种以籼粳划分，籼稻为 33 709 份，占 66.7%，粳稻为 16 766 份，占 33.3%；以水陆划分，水稻为 46 613 份，占 92.3%，陆稻为 3 862 份，占 7.7%；以黏糯划

分，黏稻为 41 566 份，占 82.3%，糯稻为 8 909 份，占 17.7%。

以上表明中国稻种资源在类型上有以下特点。

一是地方稻种籼型稻大约是粳型稻的两倍；

二是以水稻和黏性稻占主要优势；

三是我国籼型稻和粳型稻种类型均为世界最多，特别是粳稻类型之多为世界产稻国罕见。

杂交稻"三系"资源类型及特点 在 1 605 份杂交水稻"三系"资源中，杂交稻组合 308 个，其中，籼型 259 个，占 84.1%，粳型 49 个，占 15.9%；不育系和保持系各 330 份，其中，籼型各 230 份，占 69.7%，粳型各 100 份，占 30.3%；恢复系 637 份，其中，籼型 497 份，占 78.0%，粳型 140 份，占 22.0%。目前，我国不育系胞质型共 26 种，在生产上大面积应用的主要有野败型、BT 型、D 型、矮败型和红莲型等。其中，野败型最多，为 154 份，占总数的 46.6%。以不同胞质不育系的恢复系类型分析，有的恢复系不仅可恢复一种胞质不育系，还可恢复 2~3 种不育系，而以恢复野败型胞质为最多，占总数的 34.0%。

②野生稻的种类和特点。我国野生稻资源主要有 3 种，在 6 944 份野生稻资源中，普通野生稻最多，为 5 571 份，占 80.2%，分布于我国南方 8 个省、区（包括台湾省在内）。药用野生稻 671 份，占 9.7%；疣粒野生稻 144 份，占 2.1%；还有外引野生稻（20 个种）为 558 份，占 8.0%。

③国外引进稻品种类型及特点。直接引自世界五大洲的 68 个国家、地区和国际组织机构，已整理编目 8 686 份，其中，籼稻约 55.2%，粳稻约占 44.8%。

2.4 海南野生稻种质资源

野生稻是水稻育种的宝贵遗传资源，蕴藏着大量的抗病虫、抗旱、耐寒、高产、优质和高光效等优良基因。海南野生稻的发现和利用，改写了世界水稻育种史。

海南省水稻栽培历史悠久，根据考古资料和历代史书记载，3 000 多年来黎族在海南的经济生活经历了从采集、渔猎、"刀耕火种"到水稻耕作农业的发展过程，是我国栽培稻种的起源地之一。

分布在中国的稻属植物共有 4 种，一种为栽培种，其余 3 种为野生稻，即普通野生稻、药用野生稻和疣粒野生稻。海南是中国有 3 种野生稻分布的两个省份之一，也是中国普通野生稻分布密度最大的地区之一。普通野生稻是中国 3 种野生稻濒危状况最严重的稻种，海南建省以前，曾分布着十分丰富的野生稻资源，几乎县乡皆有野生稻。20 余年来，海南省野生稻资源的原生地也发生了巨大的变化。

1932—1933 年，中山大学植物研究所在本岛崖县南山岭下和小抱扛田边发现疣粒野生稻；1959—1963 年发现野生稻的分布 23 处。1978—1982 年，全国开展野生稻资源普查，查明本岛生长有普通野生稻、疣粒野生稻及药用野生稻 3 种，分布各县共 65 处，以普通野生稻为多，有 32 处。普通野生稻是栽培稻的祖先。

20 世纪 70 年代，"中国杂交水稻之父"袁隆平院士就是利用在海南省三亚市郊区发现的普通野生稻不育株为突破口，开创了三系杂交水稻育种的新局面。著名水稻专家、中国工程院院士朱英国也正是利用一株海南红芒野生稻作本体，育成了红莲型水稻三系及红莲型杂交稻。

近几年海南省有关部门虽然采取了一些保护措施，但保护情况仍不容乐观，保护区缺乏后续保护资金，保护工作十分被动。作为中国野生稻资源最丰富的海南和广东，普通野生稻的 1 182 个分布点已经消失了 80%；药用野生稻保存下来的分布点也只是原来的 3%～5%；疣粒野生稻已 12.9 的居群灭绝，83.9% 的居群处于中度和重度外界干扰下。

目前，海南省已发现 102 个野生稻自然群落，但至今已建成和正在建设的野生稻原生环境保护区仅有 6 个。假如海南的野生稻灭绝了，这不仅是一个物种的消失，而且由此引发的"蝴蝶效应"是我们现在无法预计的。

2.5　袁隆平与"野败"

2.5.1　袁隆平

袁隆平，男，1930 年 9 月 1 日生于北平（今北京），汉族，江西省德安县人，无党派人士，现在居住在湖南长沙。中国杂交水稻育种专家，中国工程院院士。现任中国国家杂交水稻工作技术中心主任暨海南杂交水稻研究中心主任、海南大学教授、中国农业大学客座教授等职务。2006 年 4 月当选美国科学院外籍院士。中国杂交水稻研究的创始人，2000 年度首届国家最高科技奖获奖人。被誉为"当代神农氏"、"米神"等。

2.5.2 发现"野败"

1970 年秋季，袁隆平带领他的学生李必湖、尹华奇来到海南岛崖县南江农场进行研究试验，向该场技术员与工人调查野生稻分布情况。11 月 23 日上午，该场技术员冯克珊与李必湖在南红农场与三亚机场公路的铁路桥边的水坑沼泽地段，找到了一片约 0.3 亩面积的普通野生稻。当时正值野生稻开花之际，因为李必湖对水稻雄性不育株有很深的感性知识，他像当年导师袁隆平寻找不育株一样，在野生稻群中一株一株地仔细观察。

就在他们找到野生稻之后 20 分钟左右，李必湖和冯克珊发现 3 个雄花异常的野生稻穗。他们惊喜交加走近野生稻雄花异常稻株，进一步观察发现这 3 个稻穗生长于同一个稻蔸上，由此初步推断为由一粒种子生长起来的不同分蘖。除这 3 个稻穗以外，还有大量的匍匐于水面生长的后生分蘖。

为了弄清这蔸野生稻不育株产生的原因及其研究利用价值，他们将它连根拔起，搬回试验基地进行研究，并命名"雄性败育的野生稻"，简称"野败"。并用广场矮、京引 66 等品种测交，发现其对野败不育株有保持能力，这就为培育水稻不育系和随后的"三系"配套打开了突破口，给杂交稻研究带来了新的转机。

他们在考虑是将"野败"这一珍贵材料封闭起来，自己关起门来研究，还是发动更多的科技人员协作攻关呢？在这个重大的原则问题上，袁隆平毫无保留地向全国育种专家和技术人员及时通报了他们的最新发现，并慷慨地把历尽艰辛才发现的"野败"奉献出来，分送给有关单位进行研究，协作攻克"三系"配套关。

2.6 从"野败"到超级稻

2.6.1 杂交水稻

杂交水稻（Hybrid Rice）指选用两个在遗传上有一定差异，同时，它们的优良性状又能互补的水稻品种，进行杂交，生产具有杂种优势的第一代杂交种，用于生产，这就是杂交水稻。杂种优势是生物界普遍现象，利用杂种优势提高农作物产量和品质是现代农业科学的主要成就之一。

其基本的思想和技术以及首次成功的实现是由美国人 Henry Beachell 在 1963 年于印度尼西亚完成的，Henry Beachell 也被学术界某些人称为杂交水稻之父，并由此获得 1996 年的世界粮食奖。由于 Henry Beachell 的设想和方案存在着某些缺陷，无法进行大规模的推广。

后来日本人提出了三系选育法来培育杂交水稻，提出可以寻找合适的野生的雄性不育株来作为培育杂交水稻的基础。虽然经过多年努力日本人找到了野生的雄性不育株，但是效果不是很好；另外，日本人还提出了一系列的水稻育种新方法，如赶粉等，但是最后由于种种原因没法完成杂交水稻的产业化。

2.6.2 从"野败"到超级稻

1960 年，袁隆平跳出了无性杂交学说圈，开始进行水稻的有性杂交试验。

1960 年 7 月，他在早稻常规品种试验田里，发现了一株与众不同的水稻植株。第二年春天，他把这株变异株的种子播到试验田里，结果证明了上一年发现的那个"鹤立鸡群"的稻株，是地地道道的"天然杂交稻"。于是，袁隆平立即把精力转到培育人工杂交水稻这一崭新课题上来。

在 1964—1965 年两年的水稻开花季节里，他和助手们每天头顶烈日，脚踩烂泥，低头弯腰，终于在稻田里找到了 6 株天然雄性不育的植株。经过两个春秋的观察试验，对水稻雄性不育材料有了较丰富的认识，他根据所积累的科学数据，撰写成了论文《水稻的雄性不孕性》，发表在《科学通报》上。这是国内第一次论述水稻雄性不育性的论文，不仅详尽叙述水稻雄性不育株的特点，并就当时发现的材料区分为无花粉、花粉败育和部分雄性不育 3 种类型。

实际上超级稻的研究是种质资源资源上的突破。有了新的资源，新的基因，就可以带来突破。

1972 年，农业部把杂交稻列为全国重点科研项目，组成了全国范围的攻关协作网。1973 年，广大科技人员在突破"不育系"和"保持系"的基础上，选用 1 000 多个品种进行测交筛选，找到了 1 000 多个具有恢复能力的品种。张先程、袁隆平等率先找到了一批以 IR24 为代表的优势强、花粉量大、恢复度在 90% 以上的"恢复系"。

1973 年 10 月，袁隆平发表了题为《利用野败选育三系的进展》的论文，正式宣告我国籼型杂交水稻"三系"配套成功。

1986 年，袁隆平就在其论文《杂交水稻的育种战略》中提出将杂交稻的育种从选育方法上分为三系法、两系法和一系法 3 个发展阶段。根据这一设想，杂交水稻每进入一个新阶段都是一次新突破，都将把水稻产量推向一个更高的水平。

1995 年 8 月，袁隆平郑重宣布：我国历经 9 年的两系法杂交水稻研究已取得突破性进展，可以在生产上大面积推广。目前，国家"863"计划已将培矮系列组合作为两系法杂交水稻先锋组合，加大力度在全国推广。

1998 年 8 月，袁隆平又向新的制高点发起冲击。在海南三亚农场基地，袁隆平率领着一支由全国十多个省、区成员单位参加的协作攻关大军，日夜奋战，攻克了两系法杂交水稻难关。经过近一年的艰苦努力，超级杂交稻在小面积试种获得成功，有关专家对 48 亩实验田的超级杂交水稻晚稻的实测结果表明：水稻稻谷结实率达 95% 以上，每亩高产 847kg。

20 世纪 90 年代后期，美国学者布朗抛出"中国威胁论"，撰文说到 21 世纪 30 年代，中国人口将达到 16 亿，到时谁来养活中国，谁来拯救由此引发的全球性粮食短缺和动荡危机？这时，袁隆平向世界宣布："中国完全能解决自己的吃饭问题，中国还能帮助世界人民解决吃饭问题"。

这表明"杂交水稻之父"袁隆平又取得"四大突破"：目前，超级杂交水稻晚稻亩产量高；稻谷结实率高；稻谷千粒重高；筛选出适合华南地区种植的两个中国新型香米新品种。在场的专家和科技人员对这位卓越科学家取得的新成功而欣喜不已。这标志中国超级杂交稻育种研究再次超越自我，继续领跑世界。目前，超级杂交稻正走向大面积试种推广中。

经有关专家的论证和讨论，初步形成了中国超级稻研究目标：

①通过各种途径的品种改良及配套的栽培技术体系，在较大面积（百亩连片）上到 2000 年稳定实现单产 600 ~ 700kg/亩（9 ~ 10.5t/hm²），到 2005 年突破 800kg/亩（12t/hm²），到 2015 年跃上 900kg/亩（13.5t/hm²）的台阶。

②在试验和示范中，培育的超级稻材料的最高单产到 2000 年达到 800kg/亩（12t/hm²），到 2005 年达到 900kg/亩（13.5t/hm²），到 2015 年达到 1000kg/亩（15t/hm²），并在特殊的生态地区创造 1 150kg/亩（17.25t/hm²）的世界纪录。

③通过推广应用中国超级稻研究育成品种，推动我国水稻平均单产到 2010 年达到 460kg/亩（6.9t/hm²），并为在 2030 年跃上 500kg/亩（7.5t/hm²）的新台阶作好技术储备（表 2 – 2）。

表2-2 超级稻品种（组合）的产量指标

类型阶段	常规品种				杂交稻			增长幅度
	早籼	早中晚兼用籼	南方单季粳	北方粳	早籼	单季籼、粳	晚籼	
现有高产水平	6.75	7.50	7.50	8.25	7.50	8.25	7.50	0
1996—2000年	9.00	9.75	9.75	10.50	9.75	10.50	9.75	15%以上
2001—2005年	10.50	11.25	11.25	12.00	11.25	12.00	11.25	30%以上
以上产品税量单位为 t/hm², 以下产量单位为 kg/667m²								
1996—2000年	600	650	650	700	650	700	650	15%以上
2001—2005年	700	750	750	800	750	800	750	30%以上

除了上述绝对产量指标外，中国超级稻的相对产量指标比当时的生产对照品种增产10%以上，并对米质和抗性也有相应的要求。

目前，中国超级稻苗头品种（组合）有协优9308、沈农60-6、胜泰1号等。

农业部"6236"超级稻规划，到2010年用6年时间，培育并形成20个超级稻品种，推广面积占全国水稻面积30%，每亩平均增产60kg，全面提升水稻生产水平。

2.6.3 超级稻在国外

1974年培育成的三系杂交水稻，在世界上居领先地位，被誉为水稻生产的"第二次绿色革命"。1980年作为专利转让给美国。这是中国向西方发达国家转让的第一个大型科技项目，标志着中国水稻育种和生产走向世界科技舞台。

自20世纪80年代后期，越南直接从我国购买杂交水稻种子，在北方稻区种植，推广面积逐年上升。2004年达60万 hm²，平均单产每公顷6 300 kg，比当地常规稻增产40%，并成为世界主要大米出口国之一。

美国水稻技术公司与湖南杂交水稻研究中心进行了多年合作研究，已培育出符合美国种植和消费需求的杂交水稻，并进行了大面积推广。2009年，美国杂交水稻面积约为40万 hm²，占全国水稻总面积30%，增产超过25%。

20世纪90年代初，联合国粮农组织将推广杂交水稻列为发展中国家粮食短缺问题的首选战略措施，在联合国粮农组织、亚洲发展银行等单位的支持下，东南亚多国开始推广杂交水稻，增产效益十分显著。

至今，亚洲、非洲和美洲等地已有 40 多个国家引种、研究和推广杂交水稻，杂交水稻的国外推广面积达 300 多万 hm^2，其中，印度约 140 万 hm^2，越南约 65 万 hm^2，菲律宾约 35 万 hm^2。

据中国水稻研究所介绍，我国主要通过提供杂交水稻技术支持与指导，同时，与当地科学家进行合作，培育出适合当地生态环境的杂交水稻品种。截至目前，中国政府为 50 多个国家培训了 2 000 多名杂交水稻专家；在菲律宾、利比里亚等国援建了以杂交水稻种植为内容的农业技术示范中心；还通过"南南合作"项目先后向毛里塔尼亚、加纳等七国派出了 700 多名农业专家和技术人员。

"如果杂交水稻种植面积占到水稻总种植面积的一半，那么世界上的总水稻产量可以增加 1.5 亿 t，每年可以多养活 4 亿人。"杂交水稻之父袁隆平说，"我有两个愿望：一是 2010 年超级杂交水稻能实现亩产 900kg 的目标；二是将杂交水稻在全世界推广到 1 500万 hm^2，多养活 1 亿世界人口。"

2.7　中国稻种质资源的主要繁种技术

多年来的繁种实践反复证明，只有根据各类稻种资源生物学特性的差异采用多种科学的栽培繁种技术，才有可能将全国不同地理和气候分布、不同生态生存条件、不同栽培制度、种类繁多类型复杂多样的稻种资源，按全国的统一标准，在统一规定的时间内完成合同繁种任务。在全国的协作研究中，解决了国际上尚未解决的野生稻难于繁种的许多难题，研究和总结出一整套杂交稻不育系繁种的特殊繁种技术。

（1）栽培稻繁种技术

①选择相似纬度、海拔的地理及生态条件的繁种技术。

②短日照处理和增温、保温繁种技术。

③分期播种和翻秋繁种技术。

④海南冬季加代和扩繁技术。

⑤加大繁种面积和增加繁种群技术。

⑥搭架防倒和分批分期采收技术。

（2）杂交稻"三系"繁种技术

①人工隔离防杂保纯技术。

②分期播种，分期插秧科学安排播插期技术。

③父母本栽插行比技术。

④人工辅助授粉技术。

⑤采种干燥及保存技术。

⑥防杂保纯技术。

（3）野生稻繁种技术

①人工模拟野生稻原产地生态条件繁种技术。

②小孔径尼龙网袋套袋支架繁种技术。

③人工创造障碍隔离技术。

④辅助人工机械震动授粉技术。

⑤原产地小生境分批原位采种技术。

⑥种植隔离技术。

在核对验收入库中，做到了"三核对"、"三到底"和"三道关"等系列室内各种操作工序，以确保入库种质的真实性和可靠性。

3 理论研究：种质资源的价值及其评估体系

‥‥

　　新中国成立以来，在种质资源考察、收集、鉴定、保存和利用方面做了大量的工作，但是，至今对于这些种质资源的经济价值尚没有确切评估与核算，因而影响了国家对作物种质资源的研究、开发决策及保护、利用规划。另外，由于过去人们长期对种质资源无价值的认识，造成公众对种质资源保护意识的落后，管理不到位，种质资源流失十分严重。

　　种质资源是人类生存与现代文明发展的基础，目前很多国家都开始重视种质资源的价值评估问题，认识到对种质资源进行价值评估是对其进行有效保护和利用的前提和基础。以确保种质资源的可持续利用，并为种质资源的市场经济运作提供依据。

3.1　种质资源的概念

　　种质（Germplasm，Germ；胚、胚芽、起源，－plasm；产物、生成物）是决定生物种性（生物之间相互区别的特性），并将丰富的遗传信息从亲代传给子代的遗传物质的载体，是广义的生物学研究现象、材料，是有生命世界的组成物质。这个概念应从两个方面去理解：首先，它能决定生物种性；其次，它能在亲代与子代之间遗传。凡是携带遗传物质的载体都可以称为种质。从宏观的角度说，植物种质资源可以是一个群落、一株植物、植物器官（如根、茎、叶、花药、花粉、种子）；从微观的角度说，植物种质的范畴包括细胞、染色体乃至核酸片段。

　　作物种质资源（Crop Genetic Resources）携带各种遗传物质——基因的栽培植物及其野生近缘植物称为作物种质资源，或者作物遗传资源、基因资源。具体可以分为粮食作物资源、园艺作物资源、蔬菜作物资源、药用作物资源、经济作物资源、饲用作物资源和林木种质资源等。

概括起来，种质资源是指一切对人类具有实际用途和价值的生物体、生物的遗传组成，生物群落或者生态系统中的关联物。种质资源是现代育种的物质基础；稀有特异种质对育种成败具有决定性的作用；新的育种目标取决于所拥有的种质资源，同一作物的不同生产需要，新的野生植物的驯化与改良利用，无不依赖所掌握的种质。

上述是自然科学中种质的特征，而在社会科学中种质应该是指一种品种相对稳定存在的状态。它需要包括 3 个特性：稳定性、差异性及经济价值。种质资源有很多，并不是每一种都能开发其经济价值，而能把这 3 个特性统一起来的工作称为育种，从种质资源到经济开发就是解决这 3 个问题的过程。

3.2 种质资源经济价值分类体系

3.2.1 按类型分（图 3 - 1）

总价值 $= I + II = (I_1 + I_2) + (II_1 + II_2) = (I_{1.1} + I_{1.2}) + (I_{2.1 + 2.2})$ $+ (II_{1.1} + II_{1.2}) + (II_{2.1} + II_{2.2})$

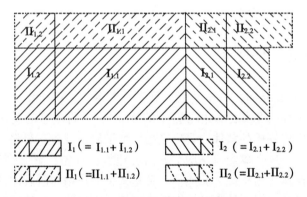

图 3 - 1 种质资源经济价值分类结构模式

其中：

I 自然存在价值

I_1 固有（内在）基础性存在价值。

$I_{1.1}$ 固有（内在）基础性剩余存在价值。

$I_{1.2}$固有（内在）基础性存在价值的损耗值。

I_2资源性（外在）存在价值。

$I_{2.1}$资源性（外在）剩余存在价值。

$I_{2.2}$资源性（外在）存在价值的损耗值。

II 社会利用经济价值

II_1间接（功能服务性）利用价值。

$II_{1.1}$间接（功能服务性）剩余价值。

$II_{1.2}$间接（功能服务性）价值的损耗值。

II_2社会直接利用经济价值。

$II_{2.1}$直接利用经济价值。

$II_{2.1}$直接利用价值的损耗值。

3.2.2　按时间尺度分

分为历史价值、现代价值和未来价值（图 3 - 2）。

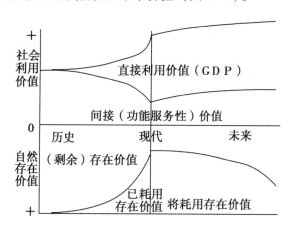

图 3 - 2　自然生态环境资源经济价值动态变化模式

3.3　种质资源经济价值评价的指标体系

①优良野生种质、性状、基因源序列：野生—栽培/驯化—杂交—转基因序列；

②价值序列：自然存在价值—间接利用价值—直接利用价值—未来利用价值横序列；

③多样性序列：遗传多样性—物种多样性—种群多样性纵序列；

④上述矩阵序列所含的多种评价因素（图3-3）。

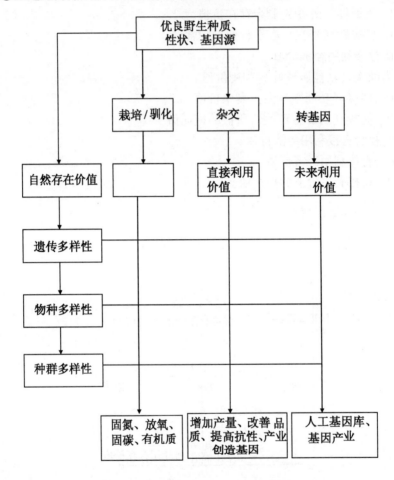

图3-3　遗传资源经济评价因素矩阵

3.4　种质资源经济评价方法

①存在价值：可采用多种确定影子价值的方法（国际支付、国家支付、试验研究费用、替代价值、边际机会成本等）测算；测算时需考虑基因的平均价值、功能基因价值与特殊基因价值的显著不同。

②社会功能服务（间接）价值：需先采用科学研究成果所确定的服务功能的社会效用，再将社会效用转换为效益评估价值进行测算。

③社会直接利用价值：采用市场价格测算其净效益，并剥离技术等其他方面的贡献。

④历史及未来利用价值：是上述两种价值的时间函数，测算时需考虑评估期、贴现及增长率等因素，采用回顾净收益现值法或预期净收益现值法；现实利用价值是历史与未来价值的中间界面。

3.5　种质资源价值核算的理论框架

种质资源核算就是在调查、评估种质资源的实物向量的基础上，用货币方法将种质资源的价值量化，同时，进行种质资源质量的评价，并把种质资源的价值及其质量变化纳入资源资产化管理体系，并据此作出作物种质资源现状、消长变化、未来趋势和对未来农业经济发展保证程度态势的预测。其框架理论，见图3－4。

种质资源价值核算包括实物核算和价值核算两方面：

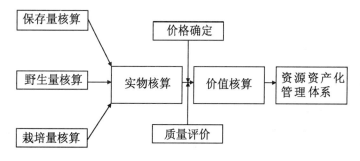

图3－4　作物种质资源价值核算理论框架

3.5.1　种质资源实物量的核算

种质资源的实物量核算采用账户法。具体做法是在账户中设增方和减方，以分别反映作物种质资源的增加量和减少量，如下表所示。

表　作物种质资源实物量核算的账目

账户类型		结构
存量账户		保存种质资源
		保存栽培种
		保存濒危野生种
		保存濒危野生近缘种
	期初	栽培种质资源
		野生种质资源
		野生近缘种质资源
存量账户		保存种质资源
		保存栽培种
		保存濒危野生种
		保存濒危野生近缘种
	期末	栽培种质资源
		野生种质资源
		野生近缘种质资源

3.5.2　种质资源价值量的核算

（1）市场对比法

以在交易和转让市场中所形成的价格来推定和评估某一作物种质资源的价格。市场对比法（market comparison）是对比相同或相近情况下同类作物种质资源的价格来确定某一作物种质资源的价格，这种方法经常用于贮藏栽培种的价格评估。

（2）收益法

收益法包括收益还原法（revenue capitaliaziotn）或收益归属法（revenue attribution）和收益倍数法（revenue multiplcaiton），是将种质资源收益视为一种再投资，以获取利润为目的，虚拟利润以平均利润率为准计算，从而种质资源的价格为纯种质资源收益与平均利润的商。同样，收益倍数法是收益还原法的一种较为简单的形式。据此法，种质资源价格是若干年资源收益或若干年资源收益平均值的若干倍，这个倍数可由种质资源交易双方商定，可由政府根据市场实际成交情况确定。采用此法的关键是如何确定种质资源纯收益。

资源纯收益的确定一般有两种方法：

一种是剩余法，即从总收益中逐一扣除资本和劳动的收益份额，所剩余的便是纯种质资源收益；

另一种方法是运用线型系统规划的方法求取种质资源的影子价格（shadow price），这个影子价格便是纯种质资源收益。

收益还原法的基本公式是：

$$V = \frac{a}{1+r} + \frac{a}{(1+r)^2} + \frac{a}{(1+r)^3} + \cdots\cdots + \frac{a}{(1+r)^n}$$

$$= \frac{a}{r} \ （设\ n \rightarrow \infty）$$

式中：

V——作物种质资源的价值；

a——平均期望年净收益估计值；

r——年净收益资本化过程中所采用的还原利率，一般采用银行一年期存款利率，加上风险调整，同时扣除通货膨胀因素。

（3）生产成本法

生产成本法（production cost method）是通过分析种质资源价格形成因素及其表现形式来推算求得种质资源的价格，它特别适用于育成品种的价格评估。据此法，某一作物种质资源的价格是该资源生产成本与生产利润之和，而生产利润须由社会平均生产成本与平均利润率来确定。

根据种质资源的生态分类评估：

①种质保存资源的评估。处于保存状态的种质资源是进行育种的重要材料来源，对于保存资源的价值评估主要以资源保护的资金投入为基本单位进行界定。

假如某一稻种资源的保存形式为籽粒保存，其可保存周期为 n 年，则该保存品种单位量的价值：

$$V = \left\{ \frac{E_1 + P_1 + D_1}{n} + R + R_2 \right\} \times K$$

式中：

E_1 为单位量品种的能源消耗；

P_1 为人力资本；

D_1 为保存设备折旧；

R_1 为每个繁种期的场圃租金；

K 为该作物品种的历史价值系数，对于栽培品种具体为该品种在生产中的使用年限，对于保存的野生种或近缘种，具体指其在历史上育种中被利用的次数。

②栽培种质资源的评估。对于正在推广使用的栽培品种，其价值处于现行的市场诸因素的调配和影响之下，因此，其价值体现为现行价格。

③野生种质资源的评估。种质的野生资源具体指野生种和野生近缘植物。对于原生境保存的野生资源，其价值评估采取去向评价法。对于异生境保存的野生种质资源，其价值的确定可运用保存种质资源的价值评价方法。

3.5.3　种质资源的质量核算

种质资源的质量核算及价值评估采用主效应质量因子和副效益质量因子的累积叠加核算法进行价值核算。每个用于育种的遗传材料或种质材料都具有一个或几个优异遗传效应因子，种质选育和合成的目标因子，种质资源的价值主要体现在这些目标因子的复合遗传效益上。

主副效应因子的价值核算主要体现在以下 3 个方面。

①综合农艺抗性（生育期、株高、产量、结实率、百粒重等）。

②抗性表现（抗病、抗虫、抗逆）等；品质 表现（如对于粮食作物，表现由为粗蛋白、粗脂肪、氨基酸组成、脂肪酸组成等）。

③近年来，许多科研人员采用 DTOPSIS 法进行特定作物品质新资源的评价工作。

4　信息经济学的发展及在中国热区种质资源产业链的运用

信息经济学是伴随着信息时代的来临而产生。我国对信息经济学的研究，开始于 20 世纪 80 年代，我国信息经济学家乌家培教授把信息经济学的研究内容分为三大部分，即信息的经济研究、信息经济的研究、信息与经济间关系的研究。当前，我国信息经济学研究还存在薄弱环节，包括用信息经济学的视角和方法研究各种经济与管理问题的深度还不够；信息的经济研究以及信息经济的研究，理论研究是滞后于实践活动的，在研究方法上也有待于突破传统对物质商品和物质经济的研究方法。

4.1　信息经济学的产生背景

信息经济学是对经济活动中信息因素及其影响进行经济分析的经济学，也是对信息及其技术与产业所改变的经济进行研究的经济学。信息经济学是伴随着信息时代的来临而产生的，也是经济学研究范式发展的重要结果。

4.1.1　信息经济学产生的现实背景

信息经济学是信息时代的产物，它的产生一方面是由于市场经济规模不断扩大、社会分工不断细化，从而不确定性、风险日益增加，信息的作用越来越重要；另一方面则是由于信息技术革命带来的信息产业和社会经济信息化的发展。

在农业社会和工业社会中，物质和能源是主要资源，所从事的是大规模的物质生产。进入信息社会，信息成为比物质和能源更为重要的资源，以开发和利用信息资源为目的信息经济活动迅速扩大，逐渐取代工业生产活动而成为国民经济活动的主要内容，信息经济在国民经济中占据主导地位。社会经济呈现以下特征：信息、知识、智力日益成为社会发展的决定性力量；信息技术、信息产业、信息经济日益成为科技、经济、社会发展的主导因素。信息劳动者、脑力劳动者、知识分子的作用日益增大；社会经济生活分散化、多样化、小规模化、非群体化的趋势日益增强。在这种现实背景下，信息经济学产生并发展起来。

4.1.2　信息经济学产生的学科背景

古典经济学认为在完全竞争的假设下，在价格制度的支配下，市场能够达到一种极具效率的状态，即资源的使用没有浪费的现象；或经济社会用最低的成本生产人们所需要的产品；或在既定的投入和技术条件之下，资源的利用能带来最大可能的满足水平；或（正规的说法）没有人能不使别人的境况变坏而使自己境况变好的状态，即帕累托最优状态。亚当·斯密指出，在价格制度下，每个市场参加者并不企图增进公共福利，也不知道他所增进的公共福利是多少，在他使用他的资本来使其产出得到最大价值的时候，他所追求的仅仅是个人的利益。在这样做时，有一只看不见的手引导他去促进一种目标，而这种目标绝对不是他个人所追求的东西。然而，正如美国经济学家斯蒂格利茨所言，亚当·斯密的看不见的手，就像皇帝的新装，之所以看不见，是因为本来就不存在。信息总是不充分的，市场总是不完全的。而当市场是不完全的时候，竞争均衡一般不具有帕累托效率，将产生"次优结果"，表明市场失灵在现实经济中是一个普遍现象，这意味着市场经济是一系列制度，而不仅仅是价格制度。

古典经济学的危机主要表现为：一是简化论。例如，为了有效地进行均衡分析，引入代表性企业之概念，抹杀了企业间的差异和多样性，企业被简缩为一个点，通过类似于作用力、反作用力和供求力量进行原子化的质点分析。二是还原论。遵循经典科学之方法，把复杂的经济整体还原为部分之和。三是决定论哲学观。通过给定参数的结构（给定偏好、技术和制度），通过系统各部分之间可描述的关系，排除了随机和偶然因素，以一种决定论的过程对有机的经济过程加以处理。

信息经济学正是在分析古典经济学的危机、伴随着经济学对信息问题的重视而产生和发展起来的。古典经济学以价格制度为研究对象，其两个基本假定是：市场参与者的数量足够多从而市场是竞争性的；参与人具有完全信息，不存在信息不对称问题。完全信息假设的基本内容包括：信息为免费物品，为公共品，无成本，有效率；市场价格充分反应信息，显示供求状况的完全信息；消费者和厂商具有所需要的全部信息；市场拍卖人完全了解市场的供求状况。

但这两个假定在现实中一般是不满足的。首先，在现实中，寡头垄断和垄断竞争是最常见的市场结构形式，在完全竞争的市场结构中，经济学研究个人行为时，假设其他人的行为都被总结在一个非人格化的参数——价格之中，所以，个人是在给定价格参数下决策，人们行为之间的相互作用是通过价格来间接完成的。而在不完全竞争市场中，人们之间的行为是有直接影响的，所以，一个人在决策时必须考虑对方的反应，这就是博弈论要研究的问题。其次，现实中，信息总是不完全的，市场参与者之间的信息一般是不对称的，例如，卖者对产品质量的了解一般比买者多，当参与者之间存在信息不对称时，有效的制度安排必须满足"激励相容"条件，这种情况下，价格制度常常并不是实现合作和解决冲突的最有效安排，诸如学校、企业、家庭、政府等非价格制度，也许更为有效。

4.2　信息经济学的发展历程

20 世纪 20 年代，美国经济学家奈特（F. H. Knight）：《风险、不确定性和利润》，把信息与市场竞争、企业利润的不确定性、风险联系起来，指出"信息是一种主要的商品"，并注意到各种组织都参与信息活动且有大量投资用于信息活动。

1949 年，弗里德里希·哈耶克（Friedrich. A. Hayek）在《美国经济评论》上发表了《社会中知识的利用》，对传统经济理论中隐含的完全市场信息假设提出挑战，对市场信息的不完全性质及其影响作了深刻论述。

1959 年，美国经济学家马尔萨克（J. Marschak）发表《信息经济学评论》正式提出信息经济学一词（economics of information），此文标志着微观信息经济学的产生。他讨论了信息的获得使概率的后验条件分布与先验的分布有差别的问题，之后又研究了最优信息系统的评价和选择问题。

1961 年，美国经济学家斯蒂格勒（G. J. Stigler）发表《信息经济学》（The economics of information，1961 年载于《政治经济学期刊 vol. 69》）指出经济行为主体掌握的初始经济信息是有限的，是不完全信息，这就决定了经济主体的经济行为具有极大的不确定性。经济主体要做出最优决策，必须对相关信息进行搜寻，而信息搜寻是需要成本的。斯蒂格勒研究了信息的成本与价值以及信息对价格、工资和其他生产要素的影响。

　　20世纪60年代，赫伯特·西蒙（H. A. Simon）、肯尼思·阿罗（K. Arrow）等一批欧美经济学家率先对传统经济学的"完全信息假定"提出质疑。70年代，乔治·阿克洛夫（George Akerlof）、迈克尔·斯彭斯（Michael Spence）、威廉·维克里（willian Vickery）、詹姆斯·莫里斯（James A. Mirrless）、杰克·赫什雷弗（J. Hirshleifer）、格罗斯曼（Sanford Grossman）、乔治·斯蒂格勒（G. J. Stigler）等知名学者均从现实的制度安排和经济实践中发现，行为者拥有的信息不仅是不充分的，而且其信息的分布是不均匀、不对称的，而这将严重影响市场的运行效率并经常导致市场失灵。这一发现构成了不对称信息经济学产生和发展的重要基础，针对"不对称信息"概念展开的信息经济学研究正式兴起。从此出发，不对称信息经济学逐渐形成了包括信息形式及效用、委托代理理论与激励机制设计、不利选择与道德风险、市场信号模型、团队理论、搜寻与价格离散、拍卖与投标、最优税制理论以及信息资源配置等内容在内的微观分析基础。

　　随着人们对信息在经济活动中作用的关注，研究的视野逐渐从微观领域转向宏观领域。1962年，弗里兹·马克卢普《美国的知识生产和分配》的出版，对美国1958年的知识产业进行了统计测算（据他测算，1958年美国知识产业的产值占国民生产总值的29%，在知识产业部门工作的就业人数占全部就业人数的31%），标志着西方宏观信息经济学的产生。1977年，马克·波拉特《信息经济》（九卷本）提出信息经济测度的波拉特范式。他将产业分成农业、工业、服务业、信息业，把信息部门分为第一信息部门（向市场提供信息产品和信息服务的企业所组成的部门）和第二信息部门（政府和企业内部提供信息服务的活动所组成的部门），通过产出与就业两个方面，运用投入产出分析，对1967年美国的信息经济的规模和结构作了详尽的统计测算和数量分析。

　　从20世纪60年代初信息经济学出现起，到80年代初，信息经济学被公认止，是信息经济学的发展时期。无论是对信息的经济学分析或对经济理论中信息的分析，还是对信息经济的研究，在这一时期都有长足的发展。

　　1976年，美国经济学会在经济学分类中正式列出信息经济学，1979年首次召开了国际信息经济学学术会议，1983年《信息经济学和政策》国际性学术杂志创刊。与此同时，还出现了一批信息经济学教材，如澳大利亚国立大学教授兰伯顿于1984年出版的《信息经济学的出现》《信息经济学与组织》等，系统地介绍信息经济学的产生与发展过程。

20 世纪 80 年代中期，随着世界新技术革命尤其是信息技术革命的兴起以及它的影响的扩大，信息经济学开始从发达国家向发展中国家传播。我国学术界对信息经济学的研究正是从这一时期开始的。

我国对信息经济学的研究，开始于 20 世纪 80 年代，最早是从新技术革命浪潮中研究信息与经济信息等问题起步的。

1986 年，国家哲学社会科学"七五"重点项目安排了《经济信息合理组织及其效益问题研究》，同时，国家经济信息系统"七五"科技攻关项目中也安排了《信息经济学及其软件系统》的课题。

1987 年和 1988 年先后召开了"全国经济信息理论研讨会"、"全国信息经济理论研讨会"1989 年 8 月 8 日中国信息经济学会在北京宣告成立，同时，举行了全国信息经济学学术研讨会。

1996 年在中国的应用经济学专业目录中单独列出和介绍了"信息经济学"这一学科。

4.3 信息经济学的内容和主要成果

我国信息经济学家乌家培教授把信息经济学的研究内容分为三大部分，即信息的经济研究、信息经济的研究、信息与经济间关系的研究。

4.3.1 信息的经济研究

信息的经济研究的范围主要是信息的费用与效用问题、信息资源的配置与管理问题、信息系统的经济分析。

（1）信息的费用与效用

卡尔·夏皮罗和哈尔·瓦里安（Carl Shapiro & Hal Varian）的《信息规则——网络经济的策略指导》引起较大影响，这两位美国的经济学家从经济学中提取出适合信息产品及其产业发展的相关知识，对信息生产及其特点、信息定价、信息版本划分与管理、信息产品生产中的网络效应、正反馈与标准竞争、信息政策等进行了比较规范的分析。

另一位美国经济学家布鲁斯·金格马（Bruce Kingma）则从图书馆工作者和信息工作者的角度出发，对信息产品和信息服务进行了需求、供给、效益、成本等经济学分析。

（2）信息资源的配置与管理

从资源和资源配置入手，分析和观察经济系统和经济现象，是一个重要的研究视角。资源经济学和信息经济学是现代经济科学的两个关系密切的领域，都是在 20 世纪的大变革中顺应社会的需要应运而生的、带有鲜明的时代特色的新型学科，他们之间的相互交叉和融合，不但是理论发展的必然趋势，更是实际的信息化工作的迫切需要。信息资源的价值的度量、信息资源的配置（数字鸿沟）、信息资源的开发利用机制（政务信息资源、公益性信息资源、信息资源产业）是研究的重点。

（3）信息系统的经济分析

信息系统是信息资源的组织形式，其建设与运行需要昂贵的经费支持，同时却可取得很大的经济效益和社会效益。信息系统经济学研究信息系统的成本及其测算，信息系统的投资与项目管理，信息系统效益的特征和评价，信息系统的定价与市场营销等问题。我国学者张剑平著有《信息系统经济学——理论体系与微观分析》较为系统地对相关问题进行了研究。

4.3.2　信息经济的研究

信息经济的研究主要包括：信息产业的形成、发展及其规律性问题；信息经济的测度与发展规律等问题；国民经济信息化的有关问题。

（1）信息产业的经济分析

信息产业已成为具有战略性的新兴产业。在以信息产业为支柱产业的现代社会经济中，新的经济现象丰富和发展了传统的经济理论。信息产业具有一些与传统的农业、工业和服务业发展不同的经济规律，网络效应和收益递增机制就是信息产业中突出的经济特征。当某种产品或技术在收益递增机制的作用下锁定了市场时，它便成为该市场的事实标准。从信息产业多年的发展历程看，政府和企业都已认识到技术系统标准作为一种商业竞争武器和政府产业政策的潜在的战略价值，所以，它们逐渐成为公司战略和政府政策所关注的焦点。信息产业的经济特征为产业政策干预提供了重要依据，而其创新性和高风险性要求产业政策需在微观层次上保证企业发展方式和行为的多样性，重视市场选择的作用，达到宏观上的有序和高效率。20 世纪 90 年代末开始，网络经济与通信产业的研究日益增多，如张昕竹和让·拉丰的《网络产业——规制与竞争理论》。

（2）信息经济的测度

信息经济的测度理论和方法最早由马克卢普确立，后经波拉特进一步发展。日本学者小松崎清在 1965 年提出用信息化指数描述信息化发展水平，反映社会经济信息化总体程度。

通过对信息化的测算，定量地比较国际及各地区的信息化发展程度，可以提高推进信息化建设决策的科学性和准确性，使宏观决策部门和行业管理部门能够有效地指导和促进信息化建设工作，为研究制定经济和社会发展计划提供科学的依据。因此我国政府对于这项工作历来非常重视，从 1993 年开始，就组织了国家信息中心、国家统计局、信息产业部、中国人民大学等单位的力量立项研究。2001 年，经过国务院批准，首次公布了《国家信息化指标体系构成方案》的试行草案。国家信息化测评中心在此方法的基础上作出补充和改进，又测算了 1999 年和 2000 年的国家信息化指数（NIQ），并于 2002 年 3 月 19 日，首次公布了国家信息化指标测算结果，还发布了国家信息化水平研究报告。该报告称我国信息化指数年增逾 30%，北京信息化指数为全国最高。

作为市场经济微观主体的企业，其信息化在国民经济信息化中起着基础作用。2002 年 10 月 9 日，信息产业部拿出的我国第一个面向效益的信息化指标体系——《企业信息化基本指标构成方案（试行）》。国家信息化测评中心推出的《企业信息化测评指标体系》包括三部分：一套基本指标、一套补充指标即效绩评价、一套评议指标即定性评价。核心部分是补充指标，也就是效绩评价。

（3）国民经济信息化

国民经济信息化研究从宏观的、全社会的层次上观察经济与整个人类社会，分析与理解现代信息技术的冲击所带来的深刻的、全面的、持久的变革。作为人类文明的一个新的发展阶段，信息社会与工业社会究竟有没有质的区别？如果有质的差别的话，究竟是什么？工业化与信息化之间的关系，都是信息经济学必须回答的基本问题。IT 投资与经济增长的关系、IT 生产率悖论等问题也是研究的重点。

4.3.3　信息与经济间关系的研究

信息与经济间关系的研究主要着眼于信息不对称对经济主体行为的影响。信息经济学通过激励制度的设计，防止交易活动中的欺诈行为，弥补市场效率因信息不对称而产生的缺陷。主要研究包括以下部分。

4.3.3.1　博弈论与决策行为

博弈论（game theory）是研究决策主体的行为发生直接相互作用时候的决策以及这种决策的均衡问题的。人们之间决策行为的相互影响广泛存在于社会经济活动中，博弈论在决策问题中已成为应用越来越广泛的重要分析方法，也构成了信息经济学研究基本方法。信息经济学与博弈论之间的关系可以表述为，博弈论是方法论导向的，博弈论讲的是一群人在互动情况下臆测结果会如何的问题，即给定信息结构，什么是可能的均衡结果？而信息经济学则反过来，是问题导向的，给定信息结构，什么是最优的契约安排？即先预计会有怎样的结果，再来倒推制定何种游戏规则，使结果对大家都为最好，而且最具公平和效率，也就是强调具有激励的机制设计的重要性。

4.3.3.2 委托代理理论与激励机制

Ross（1973）最早提出了委托人代理人一词。委托代理理论（Principal – agent Theory）主要研究"如何设计一个补偿系统（一个契约）来驱动代理人为委托人的利益行动"，委托代理关系泛指任何一种涉及非对称信息的交易，其中，具有信息优势的一方为代理人（agent）；另一方为委托人（principal）。

委托人和代理人间的利益不一致及信息不对称是委托代理问题产生的一般原因，这也是不对称信息经济学的核心问题。委托人不能直接观测到代理人的行动，而只能观测到其行动的结果，但结果却又受到行动和其他因素的共同影响。委托人在最优化其期望效用函数时，必须面对来自代理人的两个约束：一是参与约束；二是激励相容约束。所谓激励相容，就是合同的设计要使代理人在追求自身效用最大化的同时，能够使委托人效用同时达到最大化。也就是说，委托人不能使用"强制合同"迫使代理人选择委托人希望的行动，而只能通过激励合同诱使代理人选择委托人希望的行动。即委托人与代理人之间利益协调的问题，转化为信息激励机制的设计问题。

不利选择和道德风险是委托代理框架下由于信息非对称导致市场失灵的两种典型形式。

（1）不利选择与道德风险

不利选择（adverse selection）开创性的研究起始于乔治·阿克洛夫的"柠檬理论（1emon theory）"。其研究表明，在非对称信息的情况下，不利选择会导致市场上出现"劣品驱逐良品"现象，市场机制所实现的均衡可能是无效率的均衡。

在不对称信息结构的市场交易中，不利选择将会使市场整体受到效率损失。掌握信息的一方会利用对方的"无知"，侵害对方的利益而谋求自己的利益。而处于信息劣势的一方，知道对方在乘机牟利，因此对任何交易都持怀疑态度。这样，本来有利于双方的交易便难以达成，或者即使达成，效率也不高。这就是不对称信息对市场机制的破坏作用。所以说，在不对称信息结构的市场交易中，不仅是缺乏信息的一方吃亏，掌握信息的一方也会受到损失。因此，缺乏信息的一方总是要采取一定的措施来获取对方的隐蔽信息，以改变自己在交易中所处的信息劣势，这种活动称为筛选（screening）；同样掌握信息并拥有优质产品的一方也想要把信息尽可能显示出来，这样优质产品不会被劣货混淆埋没，从而可以赢得市场。这种活动称为发信号（signaling）。因此，按照行动的先后顺序，信号模型有两种类型，一是标准的信号传递模型，即拥有私人信息的一方先采取行动；二是信号"甄别"模型，即不拥有私人信息的一方先行动。

道德风险是指在建立契约关系之后，代理人利用自己的信息优势在使自身利益最大化的同时损害了处于信息劣势的委托人的利益，而且并不承担由此造成的全部后果的行为。激励是解决道德风险问题的首要途径，其中，显性激励机制（Explicit incentive mechanism）是解决单次委托代理关系的静态模型，隐性激励机制（Implicit incentive mechanism）包括声誉模型（Reputation model）、棘轮效应（Ratchet effects）等是解决多次重复委托代理关系的动态模型。道德风险在金融领域和企业组织的表现尤为明显，并且有大量的研究成果。企业作为经济中的最重要的组织形式之一，信息不对称带来的不利选择和道德风险问题存在于组织中的各个层次，影响广泛而深远，因此在激励机制的研究方面取得了丰硕的成果。

（2）委托代理理论的应用领域

委托代理理论与激励机制设计是应用型研究，研究成果主要体现在公司治理理论、金融市场理论、产业组织理论、规制理论等领域。

①公司治理理论。现代公司中存在着所有者和职业经理之间的委托代理关系，即企业的所有者并不直接管理企业，而是委托给职业经理管理，即所有权和经营权是分离的。在19世纪只有简单的一个业主经理的时代，是没有这样的代理问题的。如果经理们有手段和动力追求个人的利益，而他们的个人利益并非与同股东们的利益完全一致，而且分离和分散的所有权缺乏对经理的监督，那么大企业如何运行呢？公司治理就是一种重要的企业家激励机制。

②信息不对称对金融市场影响的研究。信息不对称引起的逆向选择和道德风险是导致金融市场低效的重要原因，同时也是我国银行信贷风险产生的深层次原因。金融市场中的逆向选择是指希望得到资金的人往往是最有可能导致交易风险的人。由于逆向选择使得交易风险的可能性增大，导致了金融

市场的低效。

金融市场噪声理论研究在信息不对称的情况下，具有信息优势或劣势的交易者各自的行为特征及其对价格的影响。虽然该理论目前尚未形成整体架构，但仍吸引了许多信息经济学学者进行研究，如斯蒂格利茨、曼昆等。我国学者应用西方金融噪声理论对我国证券市场噪声交易过度现象及其成因进行了分析，结论是我国证券市场的噪声交易与西方行为金融学者所观察到的金融市场行为没有本质的差别，但在持续时间、涉及范围及表现程度上要比西方发达金融市场严重得多，噪声交易所占比重已超过了"适度"标准。

电子货币的发展及其对中央银行的冲击是信息经济学在金融市场研究中的又一问题。电子货币是信息技术和网络经济发展的内在要求和必然结果。电子货币带来的风险和监管是研究的重点。

③关于产业组织理论发展方向的研究。信息经济学在产业组织理论方面的研究主要有两方面。一是博弈论在产业组织理论中的应用，当前博弈论已成为企业战略性为分析的重要工具，博弈论的引入使产业组织理论在逻辑推理上更加严密，并使产业组织理论的发展具有以下新特征：在研究方向上更突出市场行为，与微观经济学有更紧密的结合；在研究方法上，主要运用博弈论建立理论模型；对经济福利的分析也更加深入细致。二是对网络性基础产业如电信业的研究，这方面的研究包括拉丰和泰勒尔建立起来的管制经济学的研究框架，纽伯里关于制度禀赋、产权形式对解决网络型基础产业的所有制和管制问题的研究等。我国学者也从这些产业的自身特征出发对其规模经济和竞争问题进行了研究。

④规制理论发展的研究。西方规制理论和实践经历了规制－放松规制－再规制的动态调整过程。信息经济学的广泛应用特别是拉丰（Laffent）和泰勒尔（Tirole）（1993、1994）将激励理论和博弈论应用于规制理论分析，促使现代规制理论的形成取得了巨大进展。与传统的规制理论相比，激励规制理论更侧重于解决由规制者和被规制者之间的信息不对称所引发的逆向选择、道德风险、竞争不足以及设租、寻租问题。

在我国垄断行业的放松规制和规制改革过程中，也存在着规制者和被规制者之间的信息不对称所引发的低效率、低质量和高价格等问题。借鉴西方发达国家的成功经验，结合我国的具体情况，在垄断行业的规制实践中进行探索，引入适应市场经济要求的经济性规制，这将对我国垄断行业规制体系的重构带来积极的影响。

4.3.3.3 信息结构与价格离散

信息结构是信息的分布状态和流转模式，信息结构对资源配置有着十分显著的影响。有效资源配置的关键在于能否获得有关资源相对稀缺的信息。市场机制能够有效地产生和传递以价格体系为中心、以市场价格为形式的市场信号和经济信息，因此，市场形式能够更为充分地对社会稀缺资源进行有效配置。但是，市场价格体系难以传播全社会所需要的各种信息，"格罗斯曼-施蒂格利兹悖论"（Grossman-Stiglitz paradox）论述了这个问题。因此，单纯地利用市场机制来管理经济，在总体上存在着某些缺陷，非市场机制是市场机制的必要补充。价格离散就是价格体系配置资源失灵的一个典型表现。价格离散程度可以测度市场的无知程度，价格离散的存在也产生了有利可图的信息搜集行为。随着信息技术的发展，在线市场的规模越来越大，与离线市场相比，在线市场的信息结构和价格离散呈现出新的特点。

4.4 我国信息经济学目前研究的薄弱环节

信息不对称，对经济主体行为的影响是信息经济学研究的重要领域，并逐渐成为主流经济学的一部分，这可以从近年来诺贝尔经济学奖频频授予在信息经济学研究中取得卓越成就的学者看出来，详见下表。我国学者已普遍开始用信息经济学的视角和方法研究各种经济与管理问题，但总的来说，研究的深度还不够。大多数研究还处于从信息不对称这个视角简单地分析问题的阶段，尤其缺乏实证研究，大多只进行了定性研究，或建立了定性的概念模型，而缺乏定量模型和数据支持。

这一方面是由于相关的数据难以获得，从而使深入的研究难以进行；另一方面是我们的研究人员如果原来是经济学、管理学背景，那么他们往往缺乏现代数据分析和建模的技能，而理工科的研究人员又往往缺乏经济学、管理学基础理论知识，难以从数据分析中把握其内在的经济含义和经济规律。

关于信息的经济研究以及信息经济的研究，由于信息商品（数字商品）、信息市场、信息产业和信息经济是正在快速发展中的新生事物，理论研究是滞后于实践活动的，在研究方法上也有待于突破传统对物质商品和物质经济的研究方法。

随着信息技术和信息系统的迅速发展，越来越多的经济、管理系统开始或者已经积累了大量的数据，如金融证券行业，为把研究推向深入奠定了基础；同时，计算机技术的进步还为我们提供了更好的研究工具，如目前已得到广泛重视的计算机模型模拟，可以从细节刻画不同经济主体的特征、反映主体间以及主体与环境间的互动，并历经渐进的互动适应过程，最终演化出某种结构，从而为经济实验创造了条件。因此，我们认为计算机模拟在推进信息经济学研究研究深度上会有所作为。

附：诺贝尔经济学奖授予信息经济学相关研究列表

年度	得主	主要贡献
1994	约翰·福布斯·纳什（John F. Nash Jr. 1928—） 约翰·海萨尼（John C. Harsanyi，1920—2000） 莱因哈德·泽尔腾（Reinhard Selten，1930—）	在非合作博弈的均衡分析理论方面做出了开创性的贡献，对博弈论和经济学产生了重大影响
1996	詹姆斯·莫里斯（James A. Mirrlees，1936—） 威廉·维克瑞（William Vickrey，1914—1996）	在信息经济学理论领域做出了重大贡献，尤其是不对称信息条件下的经济激励理论
2001	乔治·阿克洛夫（George A. Akerlof?，1940—） 迈克尔·斯宾塞（A. Michael Spence，1943—） 约瑟夫·斯蒂格利茨（Joseph E. Stiglitz，1943—）	为不对称信息市场的一般理论奠定了基石
2002	丹尼尔·卡纳曼（Daniel Kahneman，1934—） 弗农·史密斯（Vernon L. Smith，1927—）	卡纳曼：把心理学研究和经济学研究结合在一起，特别是与在不确定状况下的决策制定有关的研究 史密斯：通过实验室试验进行经济方面的经验性分析，特别是对各种市场机制的研究
2005	托马斯·克罗姆比·谢林·（Thomas Crombie Schelling，1921—） 罗伯特·约翰·奥曼（Robert John Aumann，1930—）	通过博弈论分析促进了对冲突与合作的理解
2007	埃里克·马斯金（Eric S. Maskin，1950—） 罗杰·迈尔森（Roger B. Myerson，1951—） 莱昂尼德·赫维奇（Leonid Hurwicz，1917—）	"机制设计理论"最早由赫维奇提出，马斯金和迈尔森则进一步发展了这一理论。这一理论有助于经济学家、各国政府和企业识别在何种情况下市场机制有效，何种情况市场机制无效，帮助人们确定有效的贸易机制、政策手段和决策过程

5 信息经济学和网络信息
生态系统概述

5.1 信息经济学的基本概念

信息经济学是指对信息及其信息技术技术与信息产业所改变的经济进行研究的经济学，也就是对经济活动中信息因素及其影响进行经济分析的经济学。

5.1.1 信息经济学的研究对象

关于信息经济学的研究对象，主要包括以下 5 个方面：①关于信息活动的经济规律和经济机制；②信息对经济系统的作用条件和规律以及作为生产要素的功能、特征；③对于信息活动和信息系统的经济效益产生影响的自然和社会因素；④与信息商品的生产、分配、流通、消费全过程有关的社会关系和经济关系；⑤经济行为和经济活动在不完全及非对称信息条件下的规律与特征，这种观点把信息以及信息活动当做普遍存在的社会经济现象来加以研究，即认为信息经济学的研究对象包括一切有关信息转换的经济问题。

5.1.2 信息经济学的研究内容

目前，国内关于信息经济学的研究内容，主要有 3 种比较主流的观点。第一种观点认为，信息经济学主要包括 5 个方面的研究内容：①信息以及信息产品的生产、分配、交换、消费的经济问题；②信息产业政策和发展战略；③信息技术的选择、安装、使用、维护和更新；④信息经济的管理和核算；⑤信息经济与国民经济的关系问题。

第二种观点认为，信息经济学的研究内容包括 4 个方面：①信息对经济活动和经济行为的作用与影响，经济活动中的信息要素问题等经济活动的信息因素研究；②信息产业、信息经济的结构与规模，信息经济与信息产业的发展战略与条件等信息产业及信息经济的研究；③信息商品与信息市场，信息与信息活动的经济条件，信息资源的开发、管理、分配与利用，信息经济效益评价等有关信息与信息活动的研究；④信息科学原理融入经济学的问题，信息—经济新方法体系的建立等经济学与信息科学的理论方法的交叉与融合研究。

第三种观点认为，信息经济学的研究内容主要有以下 3 个方面：①信息的费用与效用问题，信息资源的分配与管理问题，信息系统的经济评价问题等关于信息的经济研究；②信息产业的形成与发展问题，信息经济的含义与测量问题，信息技术对经济发展的影响问题等关于信息经济的研究；③信息与经济的相互关系和作用问题，信息学与经济学的相互交叉和结合问题等关于信息（学）与经济（学）关系的研究。

尽管以上观点各有差异，但都揭示了信息经济学研究的一些本质性内容。

笔者从信息资源管理的角度以及本章节内容的角度，充分参考其他专家学者的观点，总结了信息经济学的研究内容框架，包括以下几个方面：①关于信息经济学的基本理论研究问题；②不完全、不对称信息问题；③信息资源配置与共享问题④信息商品及其信息市场问题；⑤信息产业和信息经济问题；⑥信息系统与信息技术的经济分析问题；⑦信息经济政策问题。

以下就与章节内容相关的几个问题进行简单的介绍。

(1) 非对称信息问题

在网络信息生态中主要涉及公共信息与私人信息、完全信息与不完全信息及对称信息与不对称信息三组基本形式。这方面的研究还包括委托—代理问题。委托代理问题产生于信息不对称，根据信息不对称发生的时间和不对称信息的内容，可以将委托—代理关系划分为不同的类型，如事前信息不对称的逆向选择和事后信息不对称的道德风险模型（关于网络信息生态中的逆向选择和道德风险问题，在后面将展开详述），激励机制是解决委托—代理理论的一种有效手段。

(2) 信息资源配置与共享问题

信息资源、物质资源和能源资源，并称为人类社会活动最重要的资源，如何加强信息资源的管理和配置，以便更好地推进其在全球范围内的共享，是信息经济学重点关注的问题之一。合理的配置信息资源有利于更好地满足人们对信息资源的需求，有利于最大范围地实现信息资源共享，提高信息资源共享效率，防止信息污染，实现信息生态的平衡。

（3）信息商品和信息市场问题

商品经济发展到一定历史阶段，使信息作为商品成为一种必然的历史趋势。信息商品的产生，致使信息市场伴随而生。因此，对于信息商品和信息市场问题进行深入的研究显得十分必要。信息商品的成本与价格、信息市场的结构与功能以及信息市场的运行机制与管理问题，也成为研究网络信息生态系统平衡的问题之一。

（4）信息产业和信息经济问题

信息产业是信息经济的主要标志，是国民经济的重要组成部分，是信息经济学的核心内容。这方面的研究主要探讨信息产业的结构与规模、运行效率、信息资本与经济增长的关系。我们可以参考信息经济学中的信息经济测评方法，来制定网络信息生态系统的测评体系。

（5）信息经济政策问题

信息经济政策着重解决信息工作如何更好地面向经济建设及信息业发展所面临的经济问题，它以信息活动的客观经济规律为基础，是从信息经济活动实践经验中总结归纳出来并上升为带规律性的具有普遍指导意义的策略方针，是国家用于指导和规范信息经济活动的战略、法令和规章制度，对于规范网络信息环境具有重要的参考意义。

5.1.3 信息经济学的几个基本理论

5.1.3.1 完全信息与不完全信息、对称信息与不对称信息

（1）完全信息与不完全信息

在网络信息生态系统中，不完全信息是普遍存在的，但在信息经济学中，要真正认识和理解不完全信息及其重要性，必须对完全信息以及传统的以完全信息为假定前提的经济理论有充分的了解。

所谓完全信息（complete information），是指网络信息参与者拥有的对于某个网络信息生态环境状态的全部知识。在现实的网络信息生态系统中，没有一个参与者能够拥有各个方面网络信息环境状态的完全知识。而在信息经济学中，有些新古典经济学家认为在市场机制运行良好的条件下，市场参与者只要能够获得有关他们自身偏好和价格方面的信息就足够了，因为价格体

系已经集中了市场参与者所需要的全部信息。但是，在网络信息生态系统中，并不能集中所有信息参与者所需的全部信息，也不能长期保障社会稀缺信息资源的有效配置。

所谓不完全信息（Incomplete information），是指网络信息参与者不拥有对于某个网络信息生态环境状态的全部知识。

新凯恩斯主义经济学认为，不完全信息经济比完全信息经济更具有经济现实性，市场均衡理论必须在不完全信息前提下予以修正。每个市场参与者的经济决策所需的信息并不是一个恒量，而是一个可以创造的变量。所以，无论是初始信息，还是阶段信息或终止信息，市场参与者不可能在某个时点上共同拥有它们。这样，在现实经济中，不可能存在一个所谓的能够无偿提供完全信息的"拍卖人"。更重要的是，在现实经济中，信息的传播和接收都是要花费成本的，而市场传递信息系统的局限和市场参与者释放市场噪声等客观和主观因素的影响，都将严重阻碍市场信息的交流和有效的传播。其结果是，市场供求状况也不可能灵敏地随着价格的指导而发生变化，市场机制可能因此失灵。同样，在网络信息生态系统中，由于信息传递系统的局限和信息参与者发布的虚假信息等的影响，将严重阻碍网络信息的交流与有效传播，结果导致网络信息生态系统的失衡。

（2）对称信息与非对称信息

根据网络信息生态系统中，有关事件的信息或概率分布在相互作用的网络信息参与者之间是否对称，可将信息分为对称信息（Symmetric Information）和非对称信息（Asymmetric Information）。信息经济学中，对称信息与非对称信息是经济信息的基本形式，是完全信息与不完全信息的一种结构延伸。

所谓对称信息，就是在市场条件下相互对应的经济人双方之间作对称分布的有关事件的知识或经济环境，即经济人双方之间都了解彼此所具备的知识量、信息量与所处的经济环境。网络信息生态系统中，经济人就是网络信息的参与者。也就是说，倘若一方掌握的信息多，另一方掌握的信息少，两者就存在"不对称"，对于交易双方来说交易就很难做成，或者即使做成了，也很可能是不公平和不稳定的交易。

对称的网络信息环境可以分为3类：①网络信息参与者双方都没有掌握有关信息的环境，即双方都处于"无知"状态；②网络信息参与者双方都掌握度量一致或度量相似的信息环境，即双方"不完全"的信息对称状态；③网络信息参与者双方都拥有完全信息的环境。非对称信息，指在相互对应的经济人之间不作对称分布的有关事件的知识或概率分布，即经济人双方之间都不了解彼此所具备的知识量、信息量与所处经济环境。在许多市场中，每个参与者拥有的信息并不相同。例如，在旧车市场上，有关旧车质量的信息，卖者通常要比潜在的买者知道得多。在网络信息生态系统中，作为最新信息的传播者的信息传播机构和个人，往往比信息接收者（消费者）知道得多。

非对称信息理论及重要的应用领域是企业理论，例如雇主与雇员之间建立的委托—代理人模型。另一个应用领域是研究市场失灵。阿克洛夫的"旧车市场"，模型讲述了一个经典的"劣币驱逐良币"故事。假定存在一个旧车市场，只有卖主知道车子的质量（这是私人信息）。若采取平均质量定价法，卖主就会趁机抽走高质量的旧车；若采取差别定价法，卖主也会抬高劣品的价格。无论如何，只要存在信息不对称，旧车市场上生存下来的一定是劣质车，非对称信息会带来市场消失或低效率。

产业组织理论引入非对称信息的分析后也取得了丰硕的成果。例如，假设同一行业内有几家企业，成本结构是每个企业的私人信息。与对称信息模型相比，这种模型的均衡更符合通常认为的掠夺性定价或极限定价现象。除此之外，非对称信息还应用于政府征税。假设政府要提高税收，最好的办法是向最有负税能力的人征税。但是，纳税能力是行为人的私人情息，最优所得税方案，必须直接或间接地揭示这些私人信息来确定各类税种是否符合每个行为人的利益。

5.1.3.2 逆向选择与道德风险

逆向选择问题总是发生在签订合同之前，存在不对称信息的状况，而道德风险问题发生在签订合同之后。在逆向选择理论中，委托人（网络信息生产者或传播者）在签订合同时不知道代理人（网络信息消费者）的类型，因此，他要解决的问题是选择什么样的合同来获得代理人（网络信息消费者）的私人信息；但是，在道德风险理论中，委托人在签订合同时就知道代理人的类型，但签订合同后不能观察到代理人的行动，因此，委托人的问题是设计一个最优的奖励机制诱使代理人选择委托人所希望的行动。

（1）逆向选择

逆向选择是指在建立委托—代理关系之前，代理人（网络信息生产者或传播者）已经掌握某些委托人（网络信息消费者）不了解的信息，委托人却不知道代理人的类型，而这些不为委托人所知的信息有可能对委托人不利。处于信息优势的代理人，利用这些有可能对委托人不利的信息签订对自己有利的合同，而委托人则由于相对信息劣势而处于对自己不利的地位。例如在商品交易前，卖方比买方更了解商品的质量等具体信息，也就是说，"自然"首先选择了代理人的类型，而"自然"的这一选择只为代理人完全了解，这就是逆向选择的基本策略或行动环境。委托人的问题就是选择怎样的合同来获取代理人的这些私人信息。由于对信息掌握的不对称，"高质量"的代理人被"低质量"的代理人挤出市场，与委托人签订合同的往往是"低质量"的代理人。这就是逆向选择。在网络信息生态系统中，逆向选择问题来自于网络信息生产者或传播者和网络信息消费者的信息不对称。信息不对称是导致逆向选择的根源。逆向选择会干预网络信息生态系统中信息的有效交流与传播，导致网络信息活动的低效或无效，最终导致网络信息生态系统的失衡。

(2) 道德风险

道德风险，是指代理人（网络信息生产者或传播者）在使其自身效用最大化的同时损害委托人（网络信息消费者）或其他代理人效用的行为。道德风险现象普遍存在于市场经济中，它实际上是代理人由于在信息占有方面具有优势而采取的理性反应。在这种情况下，代理人并不承担他们行为的全部结果，或者说他们不愿意接受由不确定性和不完备或受约束合同带来的全部利益或损失，这种不完备或受约束合同阻止了代理人接受全部利益或损失。道德风险的存在将破坏网络信息生态系统的平衡或导致网络信息交流过程的低效率。

通常在网络信息消费者发出信息需求后，如果网络信息生产者或传播者的行动选择会影响网络信息消费者的利益，而网络信息消费者或用户不清楚网络信息生产者的行动选择，网络信息消费者的信息需求的实现就有可能面临"道德风险"。道德风险普遍存在于网络信息流通的各个环节中。

道德风险发生的一个重要原因就是不对称信息的存在。网络信息消费者向一定的网络信息生产者发出信息需求，这时，相当于两者之间的委托—代理关系成立，由于委托人（网络信息消费者）无法观察到代理人（网络信息生产者）的信息生产活动，或者委托人获得有关代理人的信息产品需要付出高昂的成本，因此，信息呈现不对称。这时，代理人可能会利用自己信息占有的优势，制造出大量的冗余或虚假信息，从而损害委托人的利益。可见，代理人拥有独占性的网络信息是道德风险产生的关键。

在网络信息生态系统中，道德风险的存在会给网络信息交流带来许多消极影响，主要表现在以下几个方面：影响网络信息资源的最优配置，造成大量网络信息资源不必要的损失和浪费，导致网络信息生态平衡的低效率。

逆向选择和道德风险可能导致社会福利降低，关于网络信息生态系统中的逆向选择和道德风险问题以及解决对策。

5.1.3.3　激励机制

根据信息经济学的委托—代理理论，在委托—代理关系中，委托人与代理人利益不一致，会导致代理人的行为有可能危害委托人的利益，而这些行为又不被委托人所知。如何降低道德风险给委托人带来的损失，减少道德风险的损害，成为信息经济学研究的重要问题。一种方法就是为了防止代理人采取危害委托人的行为，在合同签订时加入避免道德风险的条款，但监督难以实现，监督越困难，道德风险出现的可能性越大，而且危害也越大。另一种积极有效的方法就是使代理人主动选择对委托人有利的行为，这就是激励。

5.2　网络信息生态系统

5.2.1　信息生态

"信息生态"是一个从自然生态科学中移植过来的类比性概念。生态学是一门研究生命、环境和人类社会的相互关系的系统科学，这里的环境包括生物和非生物环境；而信息生态研究的是信息、人及人的活动、信息环境之间的平衡状态。信息生态可以从以下 3 个方面来理解：①信息生态学是一门研究信息、信息人及人的活动、信息环境之间相互关系的系统科学。信息、信息人及人的活动、信息环境是一个统一的整体，信息生态学就是从他们之间协调发展的理念出发，研究它们之间的相互关系及作用；②信息生态的研究对象是信息生态系统，是研究信息生态系统的动态平衡；③信息生态研究的目的是研究如何实现信息生态系统的动态平衡。促进人、信息环境乃至人类社会的可持续健康发展"。最早提出"生态系统"这一概念的是英国生态学家坦斯列（1935 年），他认为，在一个自然的实体系统中，不光包括生物群落，还有它所存在的环境，因而他把生物与其所在环境的相互作用的综合体——生态系统为研究对象，研究生态系统的动态平衡。信息生态系统是以人及人的信息活动为核心，重新审视了信息管理。它是以人及人的信息活动为中心的关于信息、信息人及人的信息活动、信息环境之间的相互关系的总和。在信息生态系统中，信息人（信息生产者、信息传播者、信息管理者、信息消费者）即信息参与者在信息环境中利用信息技术进行信息交换，构成了一个信息生态循环。

5.2.2 网络信息生态系统

5.2.2.1 网络信息生态的概念及构成要素

生物群落与环境构成了自然界的生态系统，网络、网络主体、网络周围的环境也构成了网络生态系统。网络信息生态系统是指由网络信息资源、网络信息人及其信息活动、网络信息环境组成的具有一定的自我调节能力的人工系统。网络信息生态系统主要包括网络信息资源、网络信息人和网络信息环境三大构成要素。

（1）网络信息资源

网络信息资源是网络信息生态系统的重要组成因素。现代社会以信息的生产、分配、传播、利用为主要特征，它已经在人们的日常生活中以及国家的政治、经济、文化等领域发挥着举足轻重的作用。信息能够创造价值，同样，网络信息会在现实世界和虚拟网络中也能创造价值，创造财富。网络信息资源在网络信息生态系统中起着桥梁和纽带的作用，这就好比自然生态系统中的能量。自然界生态系统的循环就是能量的相互转换和传递过程，如果没有了能量的相互转换和传递，就不会有多姿多彩的自然界，同样，在网络信息生态系统循环中如果没有网络信息的传播、转化，也不会有人与信息环境之间的作用与联系，网络信息生态系统的循环就是一个网络信息传递的过程。

（2）网络信息人

网络信息人是网络信息生态系统的主体，网络信息人通过对网络信息的生产、分配、传播、接收和利用等信息活动，能动地改变着自己，改变着网络信息环境。根据人在网络信息生态系统的信息流通过程中的作用不同，可划分为网络信息的生产者、网络信息的消费者、网络信息的传播者和网络信息的管理者网络信息生产者是指生产、发布网络信息的劳动者或组织；网络信息消费者是网络信息资源的购买者和使用者，主要包括各类企业、管理决策部门以及研究人员等；网络信息传播者则是传递网络信息的个人、组织机构、媒介或网站等；网络信息管理者则是对网络信息交流过程中的信息加以选择、整理，剔除虚假、冗余、无用的网络信息的个体或机构。网络信息由网络信息生产者制造出来，或经过网络信息传播者到达网络信息消费者，或直接到达网络信息消费者。正如在生态系统中同一生物在不同食物链中的地位和作用不同一样，在不同的网络信息流通过程中，网络信息人的地位和作用也不断发生着变化，往日的网络信息消费者可能就会成为现在的网络信息生产者，每个人都有可能成为网络信息的传播者，每个人也都可以成为网络信息生态系统中的网络信息管理者。

(3) 网络信息环境

网络信息环境是指与人类网络信息活动有关的各种因素的总和。大致可以分为硬件环境和软件环境两类。硬件环境主要是指物质技术方面的，例如，网络信息基础设施和控制网络信息流通的技术因素，它是网络信息生态系统物理形态的基石，没有它就没有网络的存在。软件环境主要是人文社会环境，例如与网络信息生态发展相关的政策法律环境、经济环境、社会伦理道德环境等等，它是影响网络信息人的活动及其行为的关键因素。如同受污染的自然环境会导致生物发生变异一样，受污染的软件环境也会导致网络信息生态中虚假、低劣信息的出现，这样往往就会造成网络信息生态系统的失衡现象。

5.2.2.2 网络信息生态系统的构成及模型

基于网络信息环境的特点，结合网络信息交流的一般过程，我们提出了网络信息生态系统的构成及模型。在网络信息生态系统内部有不断地网络信息交流。同时，网络信息生态系统与其他信息生态系统也不断地在发生信息交流。在该模型中，粗箭头是网络信息生态系统中的网络信息的主要交流方式，而细箭头则是传统的信息交流方式，最左边的直达箭头，表示没有经过任何信息中介的直接的网络信息交流，最右边的经过"其他渠道一的信息交流表示通过除网络渠道外其他的所有信息中介的信息交流。"其他渠道"概括了目前所有可能的除网络渠道之外的所有渠道，见下图所示。

在图的结构模型中，网络信息的生产者，主要是指对原始材料进行信息加工的生产者和加工者，它主要包括网站、政府、企业、个人以及其他组织等。互联网技术的迅速发展和普及以及互联网的开放性特点，使得网络信息生产者队伍日趋壮大，人员构成也日趋复杂。网络信息传播者将网络信息生产者生产的信息或其他原始信息，通过信息技术手段发布在网络上，使用户通过浏览网页或通过信息传播者得到所需信息。网络信息传播者，作为一个中间环节，执行网络信息、消费者的信息需求，然后将信息传递给需求信息的用户（网络信息消费者），例如，互联网网站，既是网络信息的生产者，又是网络信息的传播者。网络信息消费者，通过互联网网站或者其他网络渠

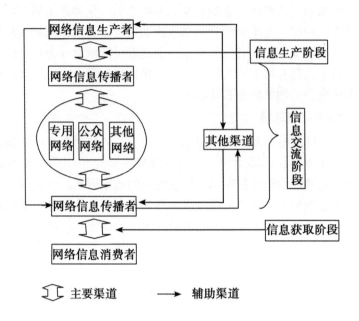

图　网络信息生态系统的循环过程

道来购买或免费获取自己所需的信息。在粗箭头表示的主要交流渠道中，网络信息生产者生产的信息通过网络信息传播者发布到互联网上，互联网不仅包括专用网络、公用网络，还包括各种其他的网络，网络信息消费者可以通过各种渠道来购买或免费获取信息。由于网络信息交流是一个双向的过程，网络信息生态系统中网络信息人的角色是可以不断变化的，同一用户在网络条件下可以扮演多种角色。网络信息的生产者与消费者的地位是可以变换的，如果上网仅仅只是查找、浏览或下载信息，这是网络信息消费者行为，如果网络信息消费者也在网络上发布信息，那便成为网络信息生产者行为。

　　在网络信息生态循环过程中，可以将网络信息循环（交流）过程分为3个阶段，即网络信息生产阶段，网络信息交流阶段，网络信息获取阶段。

　　（1）网络信息生产阶段

　　网络信息生产者生产的信息通过网络信息传播者或者自己发布到互联网上。网络信息的生产方式主要包括：①出版商建立的全文数字化期刊服务，与大型网站合作建立的数字化馆藏以及信息的检索、传递和长期保存服务，通过网络向用户提供免费检索服务和收费获取服务，建立了非图书馆实体的，可以实时获取并广泛利用的基于互联网的数字化信息资源体系；②网络媒体会像传统媒体一样，通过记者进行各种信息的采集，然后由文字记者进行信息的编辑、加工、整理，最后发布到网站上，与传统媒体相比，只是传播方式变了；③网络信息生产者可以直接在网络上生产信息，如各种新闻网页、博客、微博等，主要是指个人的网络信息发布，这种情况下网络信息生产者也成了网络信息传播者。

(2)　网络信息交流阶段

网络信息生产者和网络信息消费者借助于计算机或终端，通过 Internet 或 Web 站点（网络信息传播者）进行的网络信息交流活动。从信息流的角度看，该模式信息交流过程隐含有以下几种最基本的信息流动过程。①网络信息生产者—网站（网络信息传播者）—网络信息生产者，表示网络信息生产者与网络信息传播者进行信息的沟通与反馈。②网络信息生产者—网站（网络信息传播者）—网络信息消费者，表示网络信息生产者将自己生产的信息通过网站（网络信息传播者）传递给某个或多个网络信息消费者。③网络信息消费者—网站（网络信息传播者）—网络信息消费者，表示网络信息消费者与网络信息传播者进行信息沟通与反馈。④网络信息消费者—网站（网络信息传播者）—网络信息生产者，表示网络信息消费者将自己的信息需求通过网站（网络信息传播者）传递给某个或多个网络信息生产者。这4种最基本的信息流动过程还可以复合成不同的交流过程，即网络信息生态系统的循环过程。

(3)　网络信息获取阶段

网络信息消费者直接浏览网页或通过搜索引擎向网络信息传播者或生产者发出请求，通过网络信息传播者得到所需信息的过程。从网络信息消费者需求本身的特点来看，其信息需求并不是一成不变的，而是具有多变性。同时，不同网络信息消费者或用户的需求也有差异，同一网络信息消费者的需求也并不完全集中于固定的方面或某一个专业领域中。这些因素必然会影响到网络信息消费者最快、最准确、最有效地把自己的需求与信息资源连接起来。网络信息消费者的信息获取行为由于受多种因素的影响而具有差异性，主要表现在获取信息的利用途径有差异、获取信息的选择方式有差异和获取信息的认同结构有差异等方面。

5.2.2.3　网络信息生态系统的特点

(1)　人为性

自然界的生态系统具有自我调节的能力，没有外界的干扰时，它是平衡、有序和稳定的，即使在受到外界的干扰，在一定的范围内，生态系统还可以通过其自身的调节能力逐渐恢复，人的作用是相对渺小的。而网络信息生态系统则不同，它由此系统中的人来建立，由网络信息参与者来推动其发展从而达到稳定、平衡的状态，而网络信息参与者的活动又会造成网络信息生态系统的破坏与失衡。网络信息生态系统的建立、发展、稳定、平衡乃至破坏、失衡都与网络信息人的活动有着密不可分的关系，没有人的参与和建设，其自身是不会达到平衡、有序和稳定状态的。

（2）动态性

和自然界的生态系统一样，一个健康的网络信息生态系统总是在动态的发展，网络信息生态系统的平衡也是一个不断变化的动态平衡，只能是某个时点上的相对平衡，而不是静止的平衡，作为网络信息生态系统中的重要因素——网络信息参与者（网络信息人）必须做好充分的准备以适应并参与网络信息生态系统动态的发展。

（3）系统性

网络信息生态系统由网络信息资源、网络信息人和网络信息环境3个基本要素组成，它们之间是相互联系和相互依赖的关系，一个生态要素发生的变化就会引起整个系统一连串的连锁反应，所以说网络信息生态系统具有系统性特点。

（4）能动性

人类在认识世界和改造世界过程中，有目的、有计划、积极主动的有意识的活动能力，称为人的主观能动性。网络信息人（网络信息参与者）及其活动是网络信息生态系统中最核心的要素，网络信息生态系统的动态循环过程是围绕着人而形成和展开的，其生成、演变的状态都是由人以及人的活动引起的，同时，也是由人构建的，是一种以人及人的活动为核心的信息存在状况。区别于自然生态系统，网络信息人在整个网络信息生态系统中的核心地位决定了网络信息生态系统具有能动性的特点。

（5）开放性

开放性是互联网最根本的特征，整个互联网就是建立在自由开放的基础之上的。随着论坛、博客、微博等新的网络传播渠道的兴起，人们可以在其上面自由的发布信息，发表自己的观点，同时，人们也可以通过网络搜索来迅速的查找自己所需要的信息。通过网络，普通人也可以发表自己的作品，也可以拥有自己的"粉丝"，网络也造就了很多平民"明星"，归根结底都源于网络的开放性。

6 网络信息生态失衡的表现

· ·

自然界生态系统研究的主要问题是生态的污染和失衡，同样，在网络信息生态系统中，平衡也是相对的，非平衡的网络信息生态失衡是在所难免的，其基本目标就是要防止网络信息生态环境的恶化，像爱护自然生态一样爱护信息生态。对其加以合理的开发、利用和管理。于是，有关网络信息生态的污染和失衡成为网络信息生态研究的主要问题。

网络信息生态平衡是指网络信息资源——网络信息人——网络信息环境之间的动态均衡状态。在一个运转良好的网络信息生态系统中，网络信息生态平衡状态表现为：结构合理、功能协调、信息的输入和输出之间保持着相对平衡的关系。相反，网络信息生态失衡是指网络信息资源——网络信息人——网络信息环境之间的非均衡状态，即网络信息生态系统内外部之间信息交换受阻或其自身结构、功能比例失调等。随着网络信息活动的加大，系统内部各环节间的自我调节能力暂时满足不了系统流畅运转的要求，这就引发了网络信息生态的失衡现象。综合专家学者的研究成果，笔者将网络信息生态失衡的主要表现归为质和量两个大的方面。网络信息生态失衡在质的方面主要表现在信息污染、信息失真（虚假）、信息过时、信息侵犯等；在量的方面主要表现为信息爆炸、信息匮乏、信息垄断等。

6.1 网络信息污染

网络信息污染是指网络信息生态系统中混入了误导性、欺骗性、有害性的信息元素，或者网络信息中含有的有毒、有害的信息元素超过传播标准或道德底线，对网络信息资源以及人类身心健康造成了严重的破坏、损害以及其他不良影响。

网络信息污染问题伴随着网络的诞生而与之俱来，且日趋严峻。一些组织和个人为了谋取私利，利用网络开展各种违法活动、大肆宣扬淫秽色情、凶杀暴力、自杀信息，严重影响了人们的心理健康，并造成很多犯罪事件的发生。根据2007年全国"扫黄打非"办公室公布的数据显示，截至2007年5月27日，全国共清理网上淫秽色情信息25万余条，清理六合彩赌博、网络诈骗、违法销售窃照窃听器材、卫星接收器和违禁药品等有害广告信息27万余条：关闭淫秽色情网站和栏目1.3万余个，关闭赌博、诈骗网站和栏目4 500余个。尽管国家的依法打击网络淫秽色情专项行动近年来虽然取得了显著效果，但是网络信息污染问题并没有彻底清除，随着网络技术的不断发展进步，很多网络淫秽信息传播者正通过变换IP地址、跳转域名、将服务器转移到境外以及利用智能手机等新的网络传播途径等手段来逃避监管。

6.2   网络信息失真（虚假）

网络给我们带来了一个高度开放的网络信息环境，便捷的信息发布通道，如论坛、博客、微博等，所有人都可以在上面发布信息。目前，由于互联网的开放性，在网上发布信息并没有严格的监管和审核过程，导致大量的虚假、错误的信息涌入互联网：受利益的驱使，给一些网络信息造假者提供了可乘之机，通过发布虚假广告、利益诱惑等虚假信息来诱骗网络信息消费者或用户。

在网络信息生态系统的生态循环过程中，网络信息失真可以分为网络信息生产过程中的信息失真、网络信息传播过程中的信息失真、网络信息获取过程中的信息失真。

从人为角度来考虑，网络失真（虚假）信息有两大类：①有意虚假信息。即网络信息生产者出于某种利益故意制造出来的虚假信息，如虚假广告、虚假产品和各种谣言等；②无意虚假信息，主要指网络信息生产者或传播者非故意生产或传播信息发生的虚假信息，就是说网络信息生产者或传播者本身没有明确的意图，也不利用虚假信息达到某种目的，例如，在网络信息传播过程中，由于技术或信息处理失当等原因导致信息内容与原来真实信息相偏离，造成信息无意的虚假或失真。

6.3　网络信息过时

　　网络信息过时主要包括因失去时效性而老化的信息和已经生产出来但没有被传播即已经过时的信息。据统计，每年约有10%的信息生产出来尚未进行传播即已经失去了价值。

　　过时信息的存在主要是两方面原因造成的：①人们的认识存在滞后性，掌握事物的运动方式及状态是一个不断学习的过程，这必然导致人们的"后知后觉"；②信息的效用会随着时间和空间的变化不断贬值，反应事物最新的变化的信息一旦不被利用，便会随着事物的变化而失效。随着经济、社会的发展越来越迅速，对信息的时效性要求越来越高，信息的时效性间隔和寿命也越来越短，一旦信息传播速度跟不上事物发展的要求，各类过时信息就会越来越多。信息过时的直接后果是导致大量无用信息充斥其中，并对有效信息的获取和利用带来困难，造成垃圾信息的进一步堆积。

6.4　网络信息侵犯

　　网络信息侵犯是指利用网络信息技术手段从事欺骗、盗窃及非法获取他人或组织的信息等犯罪活动。网络信息侵犯给我们带来大量的政治、经济、法律、伦理道德等社会问题。例如，盗取个人隐私问题、侵犯专利及知识产权问题。除了个人隐私，企业的商业机密、国家机密、军事机密等也存在着安全隐患，例如，电脑黑客闯入企业或组织的内部数据库，窃走机密信息，造成网络信息安全危机。

　　个人隐私信息侵犯和知识产权侵犯是网络信息侵犯的"重灾区"。个人隐私信息侵犯主要是指未经本人许可，网站或个人私自收集个人的信息；网站利用向个人提供免费的商品或服务、邀请抽奖等形式，欺骗人们以注册会员等方式将个人真实姓名、电子邮箱、联系电话、住址、工作单位、个人兴趣、甚至是收入等信息提供给对方。知识产权侵犯主要是未经作者许可，在网络上私自转载作者的作品，知识产权侵权现象相当普遍，例如，百度文库的著作权侵权事件；国内很多音乐下载网站未经著作权人允许，私自提供歌曲下载；以及国内很多电影下载站点提供的免费下载服务，其中，很大一部分都是未经版权人许可的侵权行为。

6.5　网络信息爆炸

随着互联网和信息技术的迅猛发展，网络信息的采集、生产和传播的速度大大加快，网络信息的存量大大增加。技术上的优势，使得全球信息共享成为可能。但随之带来许多问题，海量的信息给信息的准确及时获取带来了很大困难，这种现象被称为"信息爆炸"（Information Explosion）。信息爆炸表现在 6 个方面：①新闻资讯信息增长迅速；②娱乐类信息飞速飙升；③广告类信息铺天盖地；④科技类信息急剧递增；⑤个人接受能力严重"超载"；⑥各单位组织低水平的交叉重复研究与信息产品的重复开发。

海量的信息使得很多公司、组织等机构每天要处理的信息远远超出了它们的分析能力，决策效率严重降低，使这些机构难以做出最佳决策，甚至导致决策失误。收集所需信息的成本花费大大增加，已远远超过了信息本身的价值。

随着现代科学技术的快速发展，新科技知识和信息量迅猛增加。根据英国学者詹姆斯·马丁的统计，人类知识的倍增周期正在变得越来越短，19世纪的倍增周期为 50 年，20 世纪前半叶为 10 年左右，到了 20 世纪 70 年代，缩短为 5 年，20 世纪 80 年代末的时候几乎达到每 3 年翻一番的程度。近年来，全世界每年出版期刊近 70 万种，新书 60 多万种，每年新增期刊近万种，25 多万份学术报告、学位论文被编写，发表科技论文甚至达 500 多万篇。新理论的不断涌现，新材料、新工艺、新技术的不断发明，加快了知识老化的速度。据统计，在 18 世纪，一个人所掌握的知识半衰期为 80～90年，19～20 世纪为 30 年，20 世纪 60 年代为 15 年，进入 20 世纪 80 年代，缩短为 5 年左右。过去 5 000年生产的信息量总和都赶不上近 30 年生产的信息量。随着网络成为信息传播的重要手段，互联网上的信息量每月都在以超过 10% 的速度递增，一年的增长率能到达 200% 以上。

6.6　网络信息匮乏

网络信息匮乏是指在网络上，需求者难以及时、准确、安全、稳定的获取所需信息，真正满足网络信息消费者或用户需求的信息非常匮乏，虽然网络上充斥着大量信息，但真正相关度高、有用的信息却十分稀缺。网络信息消费者或用户虽然面对着海量的信息，却因找不到所需信息而面临网络信息匮乏的困境，这是由网络信息组织以及资源结构的不合理所造成的矛盾现象，使得人类对网络信息资源的进一步开发利用产生了严重的消极影响。由于网络信息监管存在的问题。即使在美国和日本这样的网络信息技术发达国家里，信息的吸收率也仅为10%左右。

6.7　网络信息垄断

网络信息垄断又称做网络信息独有，主要是指对网络信息的积累与集中，且独占并具有控制权、支配权、统治权。这种网络信息资源被不合理的占有的情况，主要是由于各国或地区间政治、经济、文化以及人才等的发展不平衡造成的。美国、欧洲、日本等发达国家或地区利用其在计算机、信息基础设施、网络技术等方面的领先优势而占据了信息市场的主导地位，形成信息垄断。

实施信息垄断的目的不仅在于获取在其他传统产业领域都难以实现的高额垄断利润，还可以控制并支配发展中国家对信息资源的获取，从而控制发展中国家的政治、经济命脉。如今，国家之间的贫富悬殊也表现在对信息资源的占有量上，有学者将这种信息资源的不对称成为"数字化鸿沟"，这道鸿沟会因信息垄断而更加难以跨越，最终将导致国家或地区间贫富悬殊的极端化，世界格局的不稳定性。据统计，全世界80%的信息量被发达国家所占有，而发达国家人口只占世界总人口的20%，占世界人口80%的发展中国家处于信息匮乏的地位。知识产权是为了保护知识创新和知识创新者的合法权益，而以美国为首的西方发达国家却利用"知识产权"这件漂亮外衣，将其作为获取垄断利益、阻碍技术进步的工具。当大量的社会性、公开性的信息或知识被少数利益集团所垄断时，他们便利用其网络信息的垄断地位，对信息资源匮乏的国家或地区实行信息屏蔽、信息控制、信息渗透和信息产品倾销。

7   网络信息生态失衡的原因分析

信息不对称是导致网络信息生态系统失衡的重要原因，最终会导致逆向选择和道德风险的产生。缩小网络信息生态主体之间以及与网络信息生态环境之间信息差距，消除网络信息生态中的信用缺失，有利于充分发挥网络信息生态的信息传递功能，有效改善网络信息生态。

7.1   不完全信息和信息不对称造成的网络信息环境下的信息交流障碍

7.1.1   网络信息交流障碍

网络信息交流障碍是指在网络信息生态系统循环过程中，由于种种原因，会在网络信息生产者、网络信息传播者以及网络信息消费者之间的信息传递出现某种阻碍，使信息交流不能有效地进行。网络信息交流障碍是信息交流矛盾在网络信息生态系统循环的各个环节中的具体表现。网络信息交流障碍贯穿于网络信息交流的全过程。从网络信息交流过程分析，网络信息交流的障碍由以下 3 个部分构成：一是网络信息交流发生障碍，存在于网络信息交流的起始端，主要指网络信息生产或网络信息来源受阻；二是网络信息交流传播障碍，存在于网络信息传播过程中，主要指信息传播渠道阻塞或存在干扰；三是网络信息交流获取障碍，存在于网络信息交流的末端，主要指网络信息消费者对网络信息的识别、理解和吸收障碍。

7.1.2   网络信息交流障碍存在的客观性

网络信息交流过程中的信息交流障碍存在于网络信息生态系统循环过程中的所有阶段。从网络信息的生产与网络信息需求的满足过程和效果来看，网络信息的产生是绝对的，只要有对网络信息的需求存在，网络信息的生产就时刻也不会停止；而网络信息需求的满足却是相对的。由于在网络信息生产、交流和获取 3 个阶段，网络信息生产者、传播者和消费者。对于某一信息的了解以及对所掌握的原始信息不同，所以，所处的地位也不相同，网络信息的消费者处于弱势地位。利益的驱使或是其他原因必然造成网络信息的生产者和传播者对信息的垄断。

7.1.3　不完全信息和不对称信息导致了信息交流障碍的产生

根据信息经济学中不完全信息理论，网络信息资源无论是在网络信息生产阶段，还是网络信息传播阶段或网络信息获取阶段，网络信息参与者不可能在某个时点上共同拥有它们。网络信息生态系统中，每个网络信息消费者的信息需求并不是一个恒量，而是一个动态的变量。而且，在网络信息交流过程中，能够无偿提供完全信息的网络信息生产者是不存在的。更重要的是，在现实的网络信息生态系统中，部分网络信息的生产和传播都是要花费成本的，而网络信息生态系统的局限和网络信息生产者与传播者故意制造信息垃圾等客观和主观因素的影响，都将严重阻碍网络信息的有效交流与传播。其结果是，网络信息的生产和传播也不可能灵敏地随着网络信息消费者的需求而发生变化，网络信息生态系统可能因此失衡。

在网络信息生态系统中，我们可以举出很多非对称信息的例子。例如，在网络信息传播者与网络信息消费者的关系中，当网络信息消费者已知网络信息传播者的信息（如公共信息或者信息消费者通过其他媒体渠道获得的信息），这种信息环境就是对称信息环境。相反，当已知信息仅仅网络信息传播者自己知道，而不被网络信息消费者所了解，这种信息环境则是非对称信息环境。非对称信息也是造成网络信息生态系统失衡的重要原因。由于不完全信息和非对称信息条件下，网络信息交流机制可能失灵，网络信息参与者之间的信息交流也就有可能无法在网络信息环境中达到均衡状态，因此，只有通过各种形式的有效调节才能够实现网络信息生态系统的动态均衡。不完全信息理论和非对称信息理论更能说明网络信息环境中的现实状况，从而改变了我们对网络信息生态平衡的看法，还引出了我们对信息垄断的认识。

7.2　道德风险引起的网络信息活动的失控

在网络信息生态系统的循环过程中，网络信息生产者与传播者由于在信息生产与传播过程中缺乏必要的监督和管理，成为主要的网络信息污染的制造者。从信息经济学角度来分析，在委托—代理理论中，作为网络信息生产者和传播者的代理人，利用其对委托人（网络信息消费者）在掌握大量相关信息方面的优势，在使其自身效用最大化的同时，损害委托人（网络信息消费者）的行为，这就是网络信息交流中的道德风险。

在网络信息生产与传播过程中，由网络信息生产者或传播者引起的道德风险现象十分普遍。随着互联网及搜索引擎技术的发展，部分搜索网站出于经济利益的驱动，将大量的无关或低相关度的信息放在网络信息用户（消费者）搜索结果的前列，结果大量的垃圾信息和污染信息被制造出来。在这种情况下，代理人并不承担他们行为的全部结果，道德风险的存在将导致网络信息交流活动的低效，进而破坏网络信息生态系统的平衡。出于自身利益的考虑，有些网络信息生产者（如一些反动、淫秽网站等）大量散布虚假信息、淫秽信息等，也造成了网络信息污染的泛滥。网络信息消费者由于对信息的甄别能力和获取能力等信息素质参差不齐，就影响到了其对网络信息的利用和吸收。另外，许多网络信息消费者偏好免费的信息服务，这就为垃圾信息、虚假信息提供了生存的空间。

7.3　网络信息消费者的"逆向选择"

目前，国内关于信息生态的研究成果中，关于有害信息产生的原因，多片面地聚焦于信息生产者与传播者方面。事实上，网络信息受众（网络信息消费者）对于有害信息（如反动言论、黄色信息等）的需求，是刺激有害信息生产的直接原因。如果没有网络信息消费者的关于该类信息的需求，有害信息即使被生产出来，也不能产生直接的有害效用，造成网络信息污染及网络信息垃圾的产生。很多数据库商或收费网站，因为知识产权、运营以及信息生产成本的存在，一般对于网络信息消费者的信息需求都收取一定的费用。由于目前网络信息管理者对于网络信息的监管还存在一定的局限；与网络信息相关的法律法规还不够健全；对网络信息生产者的知识产权保护不够；以及便捷的信息发布通道，网上信息发布并没有严格的审核过程，导致大量盗版信息涌入互联网，这也给那些虚假信息生产者提供了可乘之机。网络中大量免费信息以及信息获取的便利性，信息消费者的信息素养参差不齐，许多网络信息消费者更倾向于通过免费渠道获得信息，这一切必然造成网络信息生态中的逆向选择。

根据信息经济学的逆向选择理论，网络信息消费者在获取所需信息的时候，会首先选择免费的信息来源，其次是收费低的信息资源，最后才是收费高的信息来源。而正好相反，往往收费的网络信息资源，在满足网络信息消费者信息需求上，信息的准确性和便捷性更高，这就是造成了网络信息生态系统中的"劣币驱逐良币"现象。

网络信息消费者的"逆向选择"，是从网络信息消费者的信息需求角度来研究网络信息生态失衡的原因。逆向选择的结果，主要表现为大量无用或低效信息充斥在网络中，造成大量网络虚假信息和网络信息污染进而干预网络信息生态系统循环的有效运行，导致网络信息交流的低效或无效，进而导致网络信息生态系统的失衡现象。

7.4 网络信息生态系统失衡的其他原因

7.4.1 网络信息管理者的原因

互联网自产生后日益成为人类赖以生存的重要信息空间，因其在信息传播领域的优势得到人们的认可，并成为主流媒介。而网络的开放性特点，也带来了大量无用、低效、虚假的信息，甚至知识产权侵犯问题"。作为新兴的传播媒介，如何对其进行有效的管理，而又不失去其开放性，成为国内外共同面临的难题。作为国家有关网络监管部门，只能从宏观上进行监督和引导；作为网络信息生产者和传播者的网站等，从自身利益角度考虑，以及面对每天海量的信息，也显得"力不从心"；作为"最底层"的网络管理者——网站（如论坛）的网管或版主，由于其非网站利益相关者的身份、本身信息素质的差异以及主观意识的倾向性，对于个人发布信息的监管也具有随意性。

7.4.2 网络信息生态环境的原因

作为网络信息生态系统的重要组成因素——网络信息环境，也是造成网络信息生态失衡的重要原因。网络信息环境包括硬件环境和软件环境两方面，其中，软件环境包括与网络生态发展相关的政治环境、经济环境、法律法规环境、科学技术环境、教育环境、伦理道德环境等等，它是规范网络信息人的行为和维护网络信息生态系统平衡的关键因素。

7.4.2.1　网络信息技术"软硬比例失调"

从产业结构来看，"软硬比例失调"是我国网络信息技术建设一直存在的问题。近几年，我国信息产业发展速度以及产业规模均居世界前列，但是我国信息产业的发展仍处于初级阶段，在重视信息基础设施等硬件设备的投资的同时，忽视了对应用程序、系统设计和管理软件等方面的软件投入，甚至形成了软件投入是硬件的附带性投入的意识，造成软硬件比例失调。据统计，截至2007年年底，我国的硬软件投入比例约为9∶1，而美国该比例为5∶3。从数据中可以看出，软件投资规模只占整个信息产业投资的1/10，这种"重硬轻软"的状况造成了我国网络信息技术环境结构比例的失调，影响网络信息生态系统的平衡。

7.4.2.2　信息政策与立法滞后

现行的一系列信息政策和法规，已不能适应和满足网络信息产业的快速发展。改革开放以来，我国信息产业飞速发展，但信息政策与立法却远远落后，已经不能适应信息产业发展的要求，缺乏扶植、推动和鼓励信息产业发展的相关政策和措施。对网络信息产业发展中存在的网络信息安全问题、知识产权侵权问题、网络信息侵犯等问题，仍缺乏有效的规范与控制。尽管国家为适应信息产业迅速发展的要求，对相关的法律法规已有所调整，但仍难以满足新形势下网络信息产业的发展要求，并呈现严重的滞后性。例如，关于信息技术的标准化、规范化方面，已经远远跟不上行业发展的需要；关于网络信息资源的管理、网络信息安全等直接相关的法律，目前还是空白。这种局面严重阻碍了信息产业的发展，也严重影响着网络信息环境的营造以及网络信息生态系统的平衡与稳定。为维护网络信息空间上的国家、组织或个人信息安全以及商业秘密和电子商务等的安全，推动信息产业的快速发展，我国应当尽快完善网络信息政策与立法。

8 基于信息经济学的网络信息生态失衡的对策研究

8.1 网络信息生态系统中的激励机制

网络信息生态系统中所谓的激励，就是委托人（网络信息消费者）对代理人（网络信息生产者或传播者）的刺激，目的是使网络信息生产者或传播者从自身效用最大化出发，自愿或被迫选择与网络信息消费者最大化标准或目标相一致的行动。

如果作为代理人的网络信息生产者或传播者有高度的社会责任感，并能真正为委托人着想，不会做出任何不道德的行为，或者说人类社会已经发展到劳动成为人的第一需要的阶段，此时就不再需要激励机制。如果目标的实现还取决于外界环境或客观因素时，那最重要的问题就是如何在委托人和代理人之间分担分险。在没有道德风险的情况下，还是有风险存在，风险的分担取决于委托人和代理人对待风险的相对态度。就目前而言，既不可能避免任何道德风险的产生，也不可能达到视劳动为愉快消费的社会阶段，因此，激励机制的设计是十分必要的在现实的网络信息生态系统中，由于信息不对称，网络信息消费者只有满足网络信息生产者或传播者获得效用最大化，才有可能使自身效用最大化，而这必须对网络信息生产者或传播者的工作进行有效刺激。这样，网络信息消费者和网络信息生产者或传播者之间的利益协调问题就转化为网络信息生态系统中激励机制的设计问题，设计一种有效的激励机制就成为委托—代理理论研究的核心问题之一。由于网络信息生产者或传播者利益的实现取决于网络信息生产者或传播者的积极性，而网络信息生产者或传播者又是"自私的"，因此，网络信息消费者需要激励网络信息生产者或传播者作出适当的行动。激励的目的就是要提高社会成员的工作积极性，增强他们的责任心。在目前的网络信息环境下，对网络信息生态系统中，网络信息参与者的激励问题的研究具有十分重要的现实意义。

8.1.1 激励机制的目标

由于网络信息消费者和网络信息生产者或传播者之间信息不对称，网络信息生产者或传播者要获得对网络信息消费者的策略优势地位，主要可以通过两种式：一是网络信息生产者利用其对网络信息的垄断地位获得信息优势（隐藏信息），使网络信息消费者处于不利的策略选择地位，这就是前面所谈到的逆向选择问题；二是网络信息生产者或传播者在网络信息消费者提出信息需求之后，采取的有利于自身利益但损害网络信息消费者利益的私人行动（隐藏行动），这就是已经谈到的道德风险问题。因此，面对网络信息生产者或传播者在信息不对称情况下可能做出的不利于网络信息消费者利益的选择，网络信息消费者或用户需要设计一种激励机制，使得由逆向选择导致的效率损失最小化，或者是避免由道德风险引起的低效率。

由于网络信息生产者或传播者获得策略优势地位的方式不同，网络信息消费者设计激励机制的目标也就不同。针对代理人（网络信息生产者或传播者）的信息优势而面临的逆向选择问题，激励的目标是如何使代理人"说真话"，自觉显示其私人信息或真实偏好；而针对代理人的私人行动而可能面临的道德风险问题，激励的目标就是如何使代理人"不偷懒"，自觉地显示其真实行动，尽最大努力工作。激励机制的对象和目标，如表 8 – 1 所示。

表 8 – 1 激励机制的对象与目标

策略或行动	机制	激励目标
隐藏信息（逆向选择）	激励机制	如何使人说真话（显示私人信息）
隐藏行动（道德风险）		如何让人不偷懒（显示真实行动）

信息经济学的激励机制中，"使人说真话"和"让人不偷懒"的原理在于：让"说假话"的成本大于"说真话"，让"偷懒"的成本大于"不偷懒"。这就是对激励机制简单通俗的描述。

8.1.2　激励机制的框架和措施

（1）激励机制的框架

激励机制的目标是服从于委托人实现自身利益最大化的目标的。"激励"就是委托人（网络信息消费者）拥有的一种价值标准，或者是一项社会福利目标，第五章基于信息经济学的网络信息生态失衡的对策研究这些标准或目标可以是个人成本最小化或社会成本约束下的预期效用最大化，也可以说是网络信息生态系统的网络信息资源配置最优化。因此，激励机制的设计目标就是制定一定的规则，使网络信息生产者或传播者在实现自身效用最大化的同时，满足网络信息消费者的具体价值标准或信息需求目标，也就是使网络信息生产者或传播者从自身效用最大化出发的同时，自愿或被迫选择与网络信息消费者标准或目标相一致的行动。因此，网络信息生态系统激励机制的核心就是，网络信息消费者怎样使网络信息生产者或传播者按照自己的意志选择或行动如下图所示。

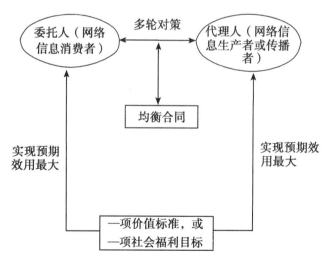

图　激励机制的框架

（2）激励机制的措施

委托人（网络信息消费者）设计激励机制是出于自身效用最大化的目的，但同时要使代理人（网络信息生产者或传播者）在该机制下，得到的效用不小于他不接受该机制时所得到的效用。网络信息消费者自身效用表现在用最短的时间获得最准确的信息；网络信息生产者或传播者效用或利益则表现在从网络信息消费者获得该信息所支付的"费用"大于生产或传递该信息所付出的成本。这里的"费用"有可能是网络信息消费者支付的金钱或者是网络信息消费者的因为查询该信息，网络信息生产者或传播者获得的点击率、网站推广等形式。

　　尽管目前还没有总结出一套完整的激励机制的具体形式，但已形成了一套在网络信息不对称情况下，激励机制设计的大体思路：网络信息消费者的信息需求可以使网络信息生产者或传播者不会因为隐瞒私人信息（或显示虚假信息），或隐瞒私人行动而获利，甚至会带来损失，因此网络信息生产者或传播者没有必要隐瞒私人信息和采取"信息欺骗"行为，这样就保证了网络信息消费者的利益。实现网络信息参与者之间的平衡，达到网络信息生态系统的平衡状态。

8.2　网络信息资源的配置与共享

　　信息资源是与物质资源和能源资源并列的人类社会活动中重要的经济资源，如何加强网络信息资源的配置和管理以更好地推进其在全球范围内的共享，是信息经济学重点关注的问题之一。而在网络信息生态系统中，有效配置网络信息资源有利于更好地满足人们对资源的需求，最大范围地实现资源共享，防止信息污染等。

8.2.1　网络信息资源配置的经济意义

　　当前，随着通信、计算机和信息为代表的因特网的迅速发展，网络信息环境正在加速形成。网络化不仅增添了信息资源共享的形成和内容，而且对信息资源配置提出了新的挑战和要求。在网络信息环境下，信息资源优化配置的主要任务在于如何对网络信息资源进行合理布局和规划，在满足配置成本最小化的同时尽可能地实现配置效益最大化，充分挖掘网络信息资源的潜在价值，使更多的组织或个人能高效、合理地利用网络信息资源，实现最大化的社会福利。这样，既可以避免网络信息资源的冗余，减少网络信息污染、虚假网络信息，节约网络信息资源建设的人力、物力、财力和时间，又可以使得网络信息资源更好地满足用户（网络信息消费者）的信息需求。

　　从全球范围来看，网络信息资源的开发和共享虽然取得了很大成效，但是网络信息资源配置的不平衡、不公平、低效或无效现象依然普遍存在，如网络信息资源的分布不平衡问题，网络信息资源的盲目生产和重复配置问题，网络信息资源的冗余和短缺并存问题，网络信息侵犯问题、网络信息污染问题，网络信息垄断和匮乏问题等，都正在愈演愈烈。如何解决网络信息资源共享中的障碍问题，对于保持网络信息生态系统的平衡具有重要意义：

①有效配置网络信息资源有利于更好地满足人类对资源的需求。

②有效配置网络信息资源有利于在最大范围内实现资源共享。

③有效配置网络信息资源有利防止网络信息污染。

④有效配置网络信息资源有利于形成合理的网络信息资源开发利用体系。

8.2.2 网络信息资源配置的基本原则

(1) 社会福利最大化原则

网络信息资源从生产、流通、直至获取的整个网络信息生态循环过程是一个十分复杂的系统工程。网络信息资源的配置问题实质上是网络信息参与者之间以及网络信息生态系统与系统外部环境之家的利益分配问题。所以，判断网络信息资源配置最优化的标准应该是从系统的角度，站在全局的高度，实现全社会的福利最大化。

(2) 需求导向原则

网络信息资源的配置最基本的依据是用户（网络信息消费者）对网络信息资源的需求。用户需求的变化会影响资源配置的效率，并进而影响配置的决策选择。

(3) 公平原则

公平意味着实现全社会的网络信息资源配置的共享，实现社会福利最大化，即实现网络信息生态系统的均衡状态。

8.2.3 网络信息资源配置的模式

(1) 网络信息资源的时间矢量配置

网络信息资源的时间矢量配置是指网络信息资源在时间维度上的配置。网络信息资源的内容具有时效性特点，所以一条及时的信息可能救活一个企业或者使一个濒临倒闭的经济部门复苏，那么这条信息具有很高的价值；如果是一条过时的信息，对企业或组织的决策可能是无效的，甚至产生消极的副作用。换言之，网络信息资源时效性的实现程度与信息从生产、传播到用户获取的时间长短密切相关。在网络信息生态系统中，网络信息消费者或用户应准确的表达自己的信息需求，网络信息生产者和传播者应及时准确的理解网络信息消费者的信息需求。通过需求跟踪、信息推送等手段来准确满足网络信息消费者的各种信息需求，保证网络信息的时效性。

（2）网络信息资源的空间矢量配置

网络信息资源的空间矢量配置是指网络信息资源在空间维度上的配置，主要是指在不同国家、地区、行业和部门之间的分布。网络信息资源的空间矢量配置的存在包括3个前提：①区域间网络信息内容和结构上的异质性；②区域间经济发展水平的差异性；③用户需求的千差万别。区域间网络信息资源的流通是这三者共同作用的结果。网络信息资源空间矢量配置的目标就是要运用行政、经济、法律等一切手段控制和调节网络信息资源在不同国家、地区、行业和部门之间的分配关系，实现网络信息资源配置最优化，即社会福利最大化网络信息资源配置的优劣即社会福利的大小取决于多种因素，如市场竞争、资源价格、信息技术和资源条件、管理体制、社会公平以及用户偏好、受教育程度等。福利经济学代表人物柏格森（A. Bergson）和萨缪尔森（P. A. Samuelson）主张将影响社会福利的一切变量纳入社会福利函数中，

即 W-f（Zl，Z2，Za，……）

w 表示社会福利，f 表示函数关系，Z_i（i = l，2，3……）表示影响社会福利的各种因素。只有当社会福利函数值最大时，社会福利才能达到最大，网络信息资源配置才能达到最优。可见，各网络信息资源配置影响因素的权重和排列组合方式的变化，是影响社会福利大小的内在机理，也是影响网络信息资源配置效率的主要原因。因此，网络信息资源空间矢量配置的任务，就是在各影响因素的权重和排列组合方式上寻求一个最佳的平衡点，以实现社会福利最大化。

8.3　构建信息失衡测度指标体系

目前，现有的关于解决网络信息生态系统失衡的对策问题的研究成果，都是从宏观上、定性分析的角度，分析网络信息生态失衡问题的存在，提出相应的解决对策，而网络信息失衡测度指标体系的建立，则是从微观上、定量分析的角度来分析网络信息失衡的程度，从而可以对网络信息生态失衡问题进行更加时时有效的监控。

8.3.1 网络信息失衡样本的采集

网络信息失衡样本的采集我们采用 Web 文本挖掘的方法，它是针对网络信息资源进行的，可以对 Web 上大量文档集合的内容进行总结、分类、聚类、关联分析，以及利用 Web 文档进行趋势预测等。它能帮助研究者理解和分析从网络数据库得到的丰富的文献资料，通过文本挖掘，我们也可以找出文献当中存在多少重复的、抄袭的、虚假的研究成果，可以利用关键词搜索等方法找出网络信息失衡源等。

Web 文本挖掘是指利用数据挖掘技术从大量非结构化、异构的 Web 信息资源中发现有效地、新颖地、潜在可用地并且最终可理解的知识或信息的非平凡过程。涉及 Web 技术、数据挖掘、计算机语言学、信息学等多个领域，是一项综合技术。Web 文本挖掘技术主要包括 Web 文本内容挖掘、Web 访问信息挖掘和 Web 文本结构挖掘。Web 文本内容挖掘是基于概念索引的资源发现，从文档的内容或其描述中抽取有用知识或信息的过程，主要包括直接挖掘文档内容或在工具搜索的基础上进行改进两种策略。Web 结构挖掘主要是指从网页的组织结构及链接关系中推导出有用的知识或信息的过程，主要是通过 Web 站点的结构进行归纳、分析和变形，先把 Web 页面进行分类，以便于信息的检索。用户的 Web 访问日志信息通常是包含海量的数据，分布广泛、内涵丰富，反映了用户的访问行为，Web 访问信息挖掘是指通过分析访问信息来发现用户的浏览模式及习惯，通过改进站点结构来满足用户个性化需求。利用这项新兴的信息处理技术，可以为网络信息失衡样本指标数据的采集带来新的方法。

8.3.2 网络信息失衡测度指标体系的构建

网络信息失衡指标体系的构建是对网络信息失衡进行量化的过程，应该是一个动态、综合的多指标体系，可以采用多指标综合评价方法。多指标综合评价的步骤包括：标准化处理各指标值、权重赋值及选取合适的综合指数计算方法：①标准化处理各指标值。由于各个指标的量纲不同，对于已选定的指标体系，不能直接将其进行简单的综合。必须先标准化处理各指标，使其成为无量纲的指数化数值，再分别给出一定的权重进行综合值的计算，即无量纲化方法。指标无量纲化常用的方法主要有极差正规化法（阈值法）、标准化法（Z—score 法）和均值化法（目标值指数法）。阈值法处理结果是所有的数值都是处于 [0，1] 之间，这样各指标间的可比性更强：Z-score 法往往是与主成分分析法一起配合使用；均值化法处理结果可以直观体现指标实测值与标准值之间的关系。②权重赋值。目前，在综合评价实践中确定权重的方法可大致分为两类：主观权重赋值法与客观权重赋值法。主观权重赋值法是根据决策者对各指标的主观重视程度赋予权重值，如层次分析法、两项系数法、专家打分法等；客观权重赋值法则是依据客观信息（如决策矩阵）进行权重赋值，如多目标规划法、嫡值法、主成分分析法等。

8.3.2.1　网络信息失衡测度指标体系设计的原则

网络信息失衡测度指标体系的建立涉及许多相互影响和相互联系的因素，因此是一项非常复杂的系统工程。只有设计一套合理网络信息失衡测度指标体系。才能保证网络信息失衡测定的客观、合理和公正。利用这个指标体系，我们可以从定量的角度，用相同的标准对不同的网络信息生态系统中的网络信息失衡现象进行分析研究，以便于采取有效控制措施来降低或消除网络信息失衡现象对网络信息生态系统带来的破坏。网络信息失衡测度指标体系的设计原则应遵循以下几点。

（1）系统性原则

网络信息失衡测度指标体系的设立应尽量全面，务必系统反应网络信息失衡程度，而且指标间要有层次性、简约性、针对性，由粗到细，由浅入深，指标之间的相关度尽可能小，以较少的指标覆盖较广的范围，解决比较实际的问题。

（2）科学性和实用性原则

网络信息失衡指标体系的各指标的概念应遵循简洁、清晰的原则；各指标间应层次分明、边界清晰、结构合理；指标覆盖面要大，适用的范围要广：各指标的数据要反映现实、实事求是、客观公正，注重数据的真实可靠性，将指标体系建立在科学性和实用性的基础之上。

（3）动态性与稳定性原则

网络信息失衡指标体系中的指标内容在一定时期内应保持相对稳定，同时要能够随着时间的推移和情况的变化而进行必要的调整。网络信息失衡是一个逐渐演变的过程，所以，设计指标体系时既要准确描述现实情况，又要充分考虑系统的动态变化，各项指标之间应保持一定的延续性和相关性，进而能综合地反映整个发展过程和趋势，便于进行科学的预测与管理。

8.3.2.2 网络信息失衡指标体系的构建方法

网络信息失衡测度指标体系的确立是定量评价信息失衡程度的一个核心和关键环节。指标体系涵盖是否全面、逻辑是否合理、层次结构是否清晰，直接关系到信息失衡状况综合评价的成败。由于每个控制层都是由复杂的多变量组成的，因此，必然构成一个复杂而庞大的指标体系，但考虑到评价的可操作性，应选择少量具有代表性、信息明确的指标组成指标体系。我们将网络信息失衡的指标体系分为三级（表 8 - 2）。

当某种网络信息失衡加权指标值（Ci）处于 $Ci_j \leqslant Ci \leqslant Ci, J+I$ 时，其网络信息失衡分指数可表示为：

$$T_i - (Ci—Ci, j) / (Ci, J+l—Ci, J) (Ti, j+l—Il_j) + Ii, J$$

式中：Tl——第 i 种类型网络信息失衡分指数

C广——第 i 种网络信息失衡加权指标值

Ii_i——第 i 种类型网络信息失衡 j 转折点的网络信息失衡分项指数值

Ii. {+} ——第 i 种类型网络信息失衡 j + l 转折点的网络信息失衡分项指数值

Ci_i——第 j 转折点上 i 种网络信息失衡加权指标值

Ci. i+1——第 j + l 转折点上 i 种网络信息失衡加权指标值。

IPI——网络信息失衡指数

各种网络信息失衡参数的失衡分指数中取最大者为 IPI：

$$IPI = \max (I, 12\cdots\cdots)$$

网络信息失衡指数是根据网络信息生态环境质量和各种类型信息失衡的信息生态环境效应，及其对人类精神健康产生不同影响，来确定网络信息失衡指数的分级数值及相应的失衡程度限制值。网络信息失衡是一个逐渐演变的过程，所以，设计指标体系时既要准确描述现实情况：又要充分考虑系统的动态变化。建立网络信息生态失衡测度指标体系是实现对网络信息失衡程度进行实时监控的有效手段，必将对信息产业的健康发展带来深远的影响。但构建网络信息失衡的测度指标体系是一项非常复杂的系统工程，本章只是对网络信息生态失衡的测度指标体系提出了初步设想，它还需要做很多方面的工作，需要政府的重视和大力支持，投入一定的资金，组织专业研究人员编制信息失衡指数，由政府的一个专门机构进行网络信息失衡指数的权威发布。要想建立一个健康良好的网络信息生态环境，需要非常复杂的社会综合治理才能在一定程度上实现，需要对信息市场进行逐步的净化，维护信息产业的持续发展，从而提高整个网络信息生态系统中信息流通速度、信息处理效率以及信息的利用率。

表 8 – 2　网络信息失衡的指标体系

一级指标 C	二级指标 C_1	三级指标 C_j
网络信息失衡 测度指标	网络信息污染 测度指标	误导性信息站点数 欺骗性信息站点数 有害性信息站点数
	网络信息虚假（失真） 测度指标	虚假广告、虚假宣传信息的站点数 传播过程中非故意的与事实相偏离的信息站点数 粗制滥造、夸大其词等"伪知识"信息的站点数
	网络信息过时 测度指标	发布过时信息的站点数 未过时但已失效的信息站点数
	网络信息侵犯 测度指标	发布违法、破坏他人名誉、诽谤他人信息的站点数 未经允许发布个人隐私信息的站点数 有损我国形象、政治渗透、价值观改变等信息的站点数 发布企业等组织机密信息的站点数 未经他人允许私自发布他人作品等侵犯知识产权的站点数 包含木马、病毒、电子公告牌的站点数
	网络信息爆炸 测度指标	网站垃圾邮件数/天 与事实相关度低的冗余信息站点数 网站中交叉重复信息的站点数

8.4　改善网络信息生态环境

8.4.1　技术环境

随着计算机技术、互联网和信息技术的发展，信息网络的畅通成为社会发展的重要保证。然而，网络信息生态系统开放性的特点也造成了大量网络信息污染、网络信息垃圾、虚假网络信息充斥其中，降低了网络信息消费者对于网络信息的选择和获取的效率。很多隐私信息、敏感信息，甚至是国家机密，受利益的驱使，难免会引起各种人为的网络信息侵犯活动（例如，信息窃取、数据非法篡改和删添、计算机病毒等）。所以，利用技术手段，加强网络信息生态系统的过滤和保护，改善网络信息生态系统的技术环境，显得尤为重要。改善网络信息环境的技术手段主要包括：

（1）物理措施

物理措施是指保护计算机设备、设施（包括网络）免遭地震、水灾、火灾和其他人为或非人为的环境安全事故（比如，电磁干扰）破坏的措施和过程。主要是对计算机及网络系统的环境采取的安全技术措施。为了保护计算机设备、设施的安全，应采取防火、防辐射、安装不间断电源等措施，并制定严格的网络安全管理规章制度；采用物理隔离手段如防火墙技术，通过对网络的隔离和访问限制等方法来控制网络的访问权限。

（2）访问控制

访问控制是指按用户身份及其所归属的某预定义组来限制用户对某些访问控制信息项或控制功能的访问和使用。访问控制通常用于系统管理员控制用户对服务器、目录、文件等网络资源的访问。访问控制的功能主要有：①防止非法的主体进入受保护的网络资源；②允许合法用户访问受保护的网络资源；③防止合法的用户对受保护的网络资源进行非授权的访问；④数据加密：指通过加密算法和加密密钥将原始数据信息转变为密文，而解密则是通过解密算法和解密密钥将密文恢复为原来的数据信息。数据加密目前仍是计算机系统对信息进行保护的一种最可靠的手段。它利用密码技术对信息进行加密，实现信息隐蔽，从而起到保护信息的安全的作用；⑤网络隔离：通常为了保证电脑的信息安全，要求实现"网络隔离"以防止上网带来的安全隐患。网络隔离有两种方式，一种是采用隔离卡来实现的，另一种是采用网络安全隔离网闸实现的。隔离卡主要用于对单台机器的隔离，网闸主要用于对于整个网络的隔离；⑥其他措施：包括数字签名认证、信息过滤、网络入侵检测、数据备份和审计等。

8.4.2　政策及法律环境

网络信息参与者的行为需要通过相关政策及法律来规范，建立覆盖全面、结构严谨的法律法规，是保护网络信息生态环境平衡稳定的有效措施。我国已经制定了《中华人民共和国计算机信息系统安全保护条例》（国务院1994 年 2 月）、《中华人民共和国计算机信息网络国际联网管理暂行规定》（1996 年 2 月）、《计算机信息网络国际联网安全保护管理办法》（公安部1997 年 12 月）、《计算机信息系统国际联网保密管理规定》（国家保密局2000 年 1 月），《互联网著作权行政保护办法》（2005 年 5 月）、《信息网络传播权保护条例》（2006 年 9 月）、《通信网络安全防护管理办法》（2010 年2 月）等多部政策法规。但是，与当前互联网的飞速发展相比，网络信息立法显得严重滞后，我国也尚处于起步阶段．在保障网络信息安全方面还远远不够，主要是以部门管理条例的形式，而相关的法律法规还比较少，这样在管理力度和效力上还有所欠缺，另外在有关数据保护方面的法律还是真空。今后，我们应该从以下 3 方面加强网络信息环境的法制建设，改善网络信息环境。

（1）建立网络知识产权保护体系

应加快建立相应完善的网络知识产权法律保护体系，对数据库、计算机软件、多媒体、网络域名、数字化作品以及电子出版物等的知识产权保护做出更加具体而合理的法律规定，为打击网络信息侵权行为提供法律依据。

（2）完善网络信息安全法律法规

一方面应加快制定有关互联网使用和网络信息安全的法律法规，规范人们的网络行为；另一方面要针对网络犯罪，制定有关惩治利用计算机进行网络犯罪的法律，依法惩处危害网络信息安全的犯罪行为。

（3）加快数据保护方面立法

要尽快出台相关保护条例或制定数据保护法，对关系国家安全、商业机密或个人隐私的数据提出明确的保护范围和规定，依法保障数据安全和惩处违法窃取数据信息的行为。

8.4.3　道德伦理环境

对于改善网络信息环境，解决网络信息生态系统的失衡问题，仅仅依靠制定相应的法律法规和采取技术措施是被动的且无法根本遏制的，结合道德和伦理层面上的强化教育才是改善网络信息环境的根本出路。通过技术和政策法律手段来改善网络信息生态环境，只能是事后的、被动的防御措施，而网络信息生态中的问题不能仅仅依靠事后的防御措施，我们应发挥人的主观能动性，通过建立信息社会的伦理道德，来加强人的主观活动意识，来协调信息社会中人与人之间的关系，规范人的行为，促进网络信息生态环境的优化与发展。

网络信息生态系统与自然界的生态系统最大区别在于"人"的因素。自然界的生态失衡，将会使人类"无一幸免"，因而也必须是人人治理。然而，网络信息生态系统要"复杂"得多，不同的利益群体可能存在于同一个网络信息生态系统中，例如，我们把淫秽信息作为一种网络信息生态系统的污染和失衡现象，但是其不仅有受害者，也有获利者。获利者从自身利益角度考虑，往往总是在努力制造网络信息污染，导致网络信息生态系统的持续失衡状态。从该层面来说，网络信息生态系统中的人才是真正需要治理的对象。网络信息生态系统中的每个人都是信息的生产者、传播者和消费者，都是网络信息生态系统中的一个因子，每个人发布的信息都可能影响他人，人们应该加强伦理道德教育，提高道德自律水平，通过改善网络信息生态系统的伦理道德环境，避免网络信息生态系统中道德风险和逆向选择等失衡现象的发生。

正如 Franl Connolly 所说："一种全球性伦理学的存在是信息高速公路成功的关键。因为世界各国的法律不同，并且法律只能提供最低的行为标准和规范，不能单靠法律来规范信息高速公路上用户的行为活动，只有采用全球性的伦理道德才能充分发挥信息高速公路的功能。

我们正处在以互联网为代表的全新时代，网络已经成为信息传播最重要的手段，网络信息流通已经覆盖了政治、经济、社会生活的各个领域，网络信息流通的顺畅与否，对人们日常生活产生了重大的影响。一旦网络信息生态系统失衡，无疑将会导致人类与网络信息环境的冲突加剧，给人类社会带来一系列的负面影响。随着信息以及通信技术的发展，网络信息生态环境正逐渐步入和谐、稳定的轨道，但这仅仅只是个好的开端，国家、组织或个人往往处于自身利益的考虑，对网络信息的有效传播设置了重重障碍，如何调节网络信息资源的有效配置和共享，维护网络信息生态平衡，并建立起一个更加和谐、更加稳定的网络信息生态环境，仍然是摆在全人类面前的一项任重而道远的任务。本章总结了国内外学者关于网络信息生态系统失衡的各种表现，把信息作为一种商品，利用信息经济学的基本理论，分析了导致网络信息生态失衡现象的原因，从宏观的改善网络信息环境和微观的构建网络信息污染测评体系等方面分别提出了网络信息生态失衡的解决对策。基于信息经济学的网络信息生态系统的研究，不仅仅是把信息经济学的相关理论简单地引入到网络信息生态系统失衡的研究中，而是希望通过这种尝试，转换思维，拓展信息生态的研究领域，使信息生态系统的研究具有理论依据。

9 中国热区种质资源产业链存在的问题和建议

9.1 农业产业链理论

9.1.1 农业产业链理论的提出

"农业产业链"一词在我国最早是由原华南热带农业大学（现海南大学）傅国华教授于 1990—1993 年在立题研究海南热带农业发展课题中，受到海南热带农业发展的成功经验的启迪而提出来的。

1995 年，傅国华教授应邀在"海南省理论研究会"上做全文发言，被同行认为是我国"农业产业链"最早提出人。他认为农业产业链的理论基础是系统论、市场经济理论、产业划分理论，并把供应链管理思想导入农业产业化，有利于农业产业化绩效和竞争力的全面提升。

产业链是一个包含价值链、企业链、供需链和空间链 4 个维度的概念。这 4 个维度在相互对接的均衡过程中形成了产业链。这种"对接机制"是产业链形成的内模式，作为一种客观规律，它像一只"无形之手"调控着产业链的形成。

9.1.2 农业产业链理论的概念

目前，国内"农业产业链"这一经济学术语没有一种共同认可的表述方式。通过分析，我认为，以下两种解释可以反映"农业产业链"的核心概念。

①农业产业链是指与农业初级产品密切相关的产业群构成的网络结构，包括为农业生产做准备的科研、农资等前期产业部门，农作物种植、畜禽养殖等中间产业部门，以农产品为原料的加工、储存、运输、销售等后期产业

部门。

②由于在农业经济活动的过程中，农业各产业之间存在着广泛的、复杂的和密切的技术经济联系，各产业依据前、后向的关联关系组成了一种网络结构称为农业产业链。

农业产业链是产业链中特殊的一种，是指由与农业初级产品生产密切相关的具有关联关系的产业群所组成的网络结构，这些产业群依其关联顺序包括为农业生产准备的科研、农资等前期产业部门，农作物种植、畜禽饲养等中间产业部门，以农产品为原料的加工业、储存、运输、销售等后期产业部门，简单地说，就是农业产前、产中及产后部门（图9-1）。

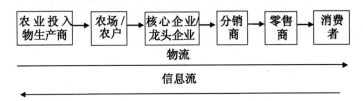

图9-1　农业产业链简化结构模型图

9.1.3　农业产业链管理的主要内容

农业产业链管理是市场发展到一定阶段的产物，在西方发达国家得到了政府和农业产业链参与者的重视和肯定。通过实行农业产业链管理可以把生产和消费有机地联结起来，对生产和流通起到直接导向的作用。

随着农产品买方市场的形成以及我国加入 WTO 后外部农产品市场竞争的加剧，农业企业的竞争将不可避免地转变为农业产业链间的竞争，越来越多的实践表明农业产业链管理是提高农产品国际竞争力的成功战略，通过链上不同利益主体的战略联盟，可以有效地减少农业产业链的不确定性和风险，在实现共赢的同时增强整体的竞争力。

（1）组织链管理

组织链作为农业产业链的运行载体，是农业产业链研究中不可或缺的一部分。这种组织形式强调农业生产资料供应、农产品生产、加工、储运和销售等各环节相联结的整体性，强调各环节的相互协作来提升整个产业链的运行效率和效益。

农业产业链组织形式多样可以从不同角度进行分类。

按照其组织与运行机制划分，主要有 3 种组织模式：公司企业模式

（或农工商综合体）、合作社模式、合同生产模式。

按照谁做"龙头"及其所带动的参与者的不同，组织形式又可分为：龙头企业带动型（以公司—基地—农户为典型形态）、中介组织带动型（以合作经济组织—农户为典型形态）、专业市场带动型（以生产者与专业市场经营组织间通过合同形成较稳定的购销关系为典型形态）、其他类型（农业综合企业、各级农业服务体系或科研教育等事业单位以契约关系为农户提供社会化服务所形成的农业产业链组织）。

（2）价值链管理

在农业产业链管理中，价值链是其中一个有目的的使农产品价值增值的链接组合，其基本原则是在符合市场需要的前提下，通过农业产业链的有效管理，使产品尽可能地增值。产业链价值增值的方式有两种：

一种方式是产业链上各参与主体通过自身的努力来增加它所创造的价值，继而提高整条产业链的价值，实现价值创新；

另一种方式是产业链上各参与主体之间通过相互协调与合作来实现产业链的价值创新。

按照产业链上各参与主体之间的关系，目前，产业链上的价值创新可以分为如下 3 种情况。

①各参与主体独立进行价值创新；

②产业链上部分参与主体联系紧密，通过合作来进行价值创新；

③产业链上各参与主体全面合作，一起承担价值创新的重任。

（3）信息链管理

产业链的信息沟通是产业链管理各项活动实施的基础。产业链中每个参与主体是一个节点，各节点之间是一种需求与供应关系，物流、信息流、资金流在整个产业链条上高效流动，发挥出强大的整体竞争优势。其中，物流和资金流都是一种单向的实物流程，伴随着这些流程的进行，必然有信息的产生，并且发生相应的变化。信息流是双向的，对物流、资金流起到反映、监督、控制的作用，也是产业链中流动最频繁、流量最大、变化最快的一支。

在农业产业链的管理中，产业链中的各参与主体间的信息流动构成了信息链，信息初始源头来自市场或消费需求，在获得有价值的市场需求信息之后，反向对农业产业链的各成员提出相应要求，产业链的各参与者根据市场的原则加以有目的的分工与协作，用尽量少的投入尽快供应符合市场需要的产品。产业链管理的实施必须能够使各个节点成员及时、准确地获得信息，提高产业链运作效率。

　　（4）物流链管理

　　物流是产业链中非常重要的方面，各环节之间及其内部都存在大量的物流活动，它是各参与者进行生产活动的基础，且直接影响到整个产业链的运行效率。农产品物流不仅能使农产品实现其价值与使用价值，而且可以使农产品在物流过程中增值，还能降低农产品生产与流通的成本。具体地说，它包括农产品收购、运输、储存、装卸、搬运、包装、配送、流通加工、分销、信息活动等一系列环节，并且在这一过程中实现了农产品价值增值和组织目标。目前，物流正从传统物流向现代物流过渡。

9.1.4　农产品供应链的内涵

　　农产品供应链是一个为了生产销售共同产品而相互联系、相互依赖的组织系统，它类似一种超级组织，包括交换过程中的各种关系，是交换的推动器。

　　农产品供应链也可以说是由农业生产资料供应商、种植者、养殖者、加工者、中介代理、批发商、物流服务经销商、消费者等与农产品密切相关的各个环节构成的组织形式或网络结构。由于农产品的诸多特性，农产品供应链具有资产专用性高、市场不确定性较大、市场力量不均衡、对物流的要求高等特点。

　　农产品供应链有别于其他产品供应链，其特殊性是由农产品作用的发挥以及供应链主客体绩效决定，并贯穿于"从田头到餐桌"各个环节和整个过程，而始因则源于农产品行业的高风险性及其质量安全水平，农产品所存在的生产风险、价格或市场风险、体制风险、人力或私人风险、经营风险、金融风险这六种风险都在不同程度上影响产品的质量安全属性，进而决定了农产品供应链建设的成败。

9.2　中国热区种质资源产业链现状

　　野生稻种质资源开发包括科技、生产、流通、加工、消费、储藏、信息与咨询等各个环节所发生的经济行为。它是一个完整的经济体系与经济链，并与粮食、农业及其他产业形成一个有机的、协调与发展的产业环境，构成一条畅通无阻与充满生机和活力的链条。

　　海南野生稻产业链是指立足于海南省的水稻生产优势，依托省内外市场对野生稻系列产品的需求，集中资金、土地、人才、劳动力等生产要素的主要力量，以攻克野生稻新品种技术为动力源，发展野生稻主、副产品的加工业，带动海南野生稻种植业的发展，推动相关的商业、服务业等第三产业的发展；围绕野生稻产品的链状生产，使相应的一二三产业互为条件，互为动力，环环相扣，协调发展以获取最大的野生稻生产的整链系统效益（图9-2）。

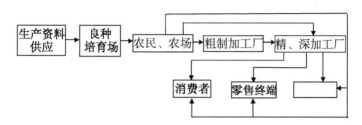

图 9-2　海南野生稻产业链结构图

9.3　中国热区产业链存在的问题

9.3.1　产品链存在的问题

　　产品链是产业链的直观表现形式，是技术链、信息链、价值链的载体。在产品原料的分解加工工程中，会形成许多不同产品，有些产品被直接使用或消费，有些则进入到下一道加工工序，继续分解加工。

　　一般来讲，产品链越长，表示加工环节越多，产品增值越大，利润越高。但产品链也不是越长越好，这主要取决于市场需求，潜在的市场需求要求产品加工到何种程度，产品链就延伸到何种程度，产业链长度与市场需求相匹配，特别是管理水平和运行机制直接关系到产业链的长短。

　　（1）品种结构不合理

　　海南岛光、温条件优越，野生稻类型多样，水稻种质资源丰富，品种数量不断增加，质量提高，明代有水稻品种 77 个，民国时期有 240 个，20 世纪 70 年代有 560 个，是我国水稻育种的资源库。

　　新中国成立后，注重水稻生产，采取一系列政策措施，如贯彻粮食政策，改善生产条件，开展技术改革等，促进水稻生产的迅速发展，产量成倍增长。

海南岛的水稻生产在粮食生产中占主要位置，常年水稻播种面积占粮食作物面积的 75% 左右，总产占粮食总产的 80% 以上。稻米是海南人民的主要粮食。水稻生产是海南农业生产的基础，是全岛农业生产的支柱产业，在全岛国民经济中起着举足轻重的作用。1990 年全岛稻谷播种面积 621.5 万亩，占粮食作物总播种面积的 74%，总产 144.23 万 t，占粮食总产量的 85%。全岛水稻播种面积仅为全国水稻总播种面积的 1.25%，居全国第 17位，总产居第 18 位。

平均加工企业缺乏专用的加工品种和加工用水稻配套生产基地，加工原料价格高低不同的野生稻品种加工成大米的出米率和加工成原浆的成品率是不同的，有时候差异很大。因此，从企业稳定原料供应、稳定产品质量和降低成本角度来讲，野生稻加工需要有专用的加工型野生稻品种及其供应基地；而海南的野生稻目前大多是鲜食型品种，还没有专门为深加工型提供的品种，但这几个品种栽培面积小而分散。总体上，加工企业缺乏专用的加工品种及其供应基地。

(2) 加工品少

海南省野生稻深加工主要以大米为主，处于产品下游，技术含量不高，国际竞争力不强，无法形成规模效益。企业的深加工多停留在低水平，国内一些企业对大米的深加工转化率已达到 80% 左右，海南水稻加工转化率还不到 20%。而野生稻加工品在我国的需求缺口很大。

2010 年 6 月 19 日，江苏省阜宁县与中国粮油控股有限公司就粮食深加工项目正式签订投资协议，该项目总投资 10 亿元。项目建成后，对提升现代粮食流通产业发展水平，延长粮食产业链，提高农民种粮效益将产生积极推动作用，值得海南借鉴。

如何提高野生稻产品质量和增加加工原料的供应是中国野生稻产业发展的关键，而野生稻加工业在海南的发展潜力很大。

9.3.2 价值链存在的问题

(1) 不重视采后包装

海南省的野生稻采收后，仅通过简单人工分级就直接进入流通领域，这种现象普遍也存在于海南野生稻生产企业中，很少做到分级和包装处理的，野生稻销售市场地位比较低，在和国内外稻米的竞争中表现为优质不优价的现象。同时，海南野生稻的保鲜技术滞后，野生稻热处理量少，并且贮藏设施很少，野生稻加工企业少，往往造成"丰年谷贱伤农"的现象。

（2）缺乏信誉度高的品牌

国内并不缺少大米品牌，唯独缺少野生稻为主打的大米品牌。由于缺少品牌支撑，海南省野生稻产品只能处于低层次的原料供给，无法占领高端市场，导致整个产业化裹足不前。因为海南省野生稻品种混杂、质量优劣不齐、包装粗糙、品牌意识差，在国内市场上尚没有产生知名度、信誉度较高的名牌产品，在国际市场上更加相形见绌。海南省是全国唯一的无疫区，天蓝水净，绿色无污染，这本身就是一个最大的卖点。塑造海南省野生稻品牌应该是全方位的，尤其是深加工品牌是长期规划，只要形成商品品牌才可以延伸产业链条，提高产品附加值，增强抵御风险的能力。

随着人们生活水平的迅速提高和生活节奏的加快以及营养、卫生观念的增强，不少人对所吃的大米的需求，已不再是普通的白米，而是将大米经过进一步加工的各种加工米。因此，海南省大米深加工的前景看好。

9.3.3　组织链存在的问题

（1）产业链各节点合作机制不健全

海南省野生稻产业中各主体未建立有效的合作机制，利益分配不尽合理，弱势群体尤其是野生稻种植户不能取得行业平均利润。

（2）组织化程度和标准化生产水平不高

目前，海南省野生稻生产、销售大部分还是以农民单家独户或小规模的生产经营为主，产业化经营的龙头企业数量少，规模也小，没有形成规模化、标准化的示范基地和出口基地，生产的组织化、标准化生产水平还很低。整个产区没有形成统一的市场销售网络，离产业化要求还有较大距离。

（3）龙头企业数量少

海南省野生稻产量虽有大幅度增长，但由于生产还是多为一家一户为主，这种生产方式在信息、资金、贮藏、运输、销售、加工等方面都很难适应市场需要，易受市场波动的影响，农民的经济收入很不稳定。总体上看，海南野生稻产业化经营的龙头企业数量还很少，规模也不大，缺乏雄厚的实力，还不能更有效、更大范围地把生产者、加工者、销售者和消费者紧密联系在一起，形成一个发达和完善的生产—加工—销售网络。

9.3.4 信息链存在的问题

野生稻种质资源信息流不畅通，野生稻产业信息的搜集、传递速度有待加快。目前，尽管国内相关机构建立了一定规模的野生稻专业信息发布网络，但是，仍存在一些问题。

海南省野生稻绝大部分以初加工产品销售为主，而且以销往国内市场为主，出口量极少。海南省没有建立专门的出口信息服务网络，由于信息较为闭塞，不了解国外市场的需求和进口国的质量标准，很多野生稻生产者根本就不敢走出国门，或者是盲目走向国际市场而到处碰壁。

不了解国外市场信息，农民就不能及时调整产品结构，生产出符合市场需求的产品。相当一部分有实力的野生稻生产经营企业缺乏出口经营权，不能直接参与出口贸易和了解国际市场信息，而有外贸经营权的企业对生产企业缺乏指导和信息沟通，使得生产与贸易脱节，这种信息闭塞、行业分割的出口经营秩序与农产品国际、国内市场一体化的要求不相适应，在激烈的国际市场竞争中，现有的市场份额也难以保证。

9.3.5 物流链存在的问题

近年来，海南省把农业摆在全省经济工作的基础地位、首要地位和支柱地位，确立了以运销加工为龙头的农业发展模式，狠抓"订单农业"、"科技农业"、"绿色农业"，用"季节差、名优特、无公害"三张牌去攻取国内外市场。

海南省野生稻物流链是海南农业产业化过程中的弱链。目前海南省农产品除了传统的大宗农产品如橡胶、白糖等是通过国有企业的主渠道销售出岛外，新兴高效农产品如热带水果、反季节瓜菜等流通领域主要是靠单家独户的小打小闹。主体分散，各自为政，势单力薄，经济实力脆弱而受资金、信息和技术手段的制约，农产品流通体制建设滞后，流通组织化程度低，农业优势资源难以形成规模出口基地，生产操作规范和产品质量标准难以统一和落实。

由于海南省农产品物流不够发达，使得生产者的获利有限，大量利润转给了"下游"，野生稻在海南售价不超过 4 元/kg，但通过简单的加工和包装后，在内地售价可达 10 元/kg 以上。因此海南的野生稻除了走产业化、提高工业附加值以外，还必须构建一个强大的物流系统。海南省应从做大物流入手，拓展野生稻产业的生存空间和盈利空间，只有这样才能实现海南野生稻价格最大化，利益最大化。

9.3.6　技术链存在的问题

目前，海南省野生稻的加工业仍是个别传统的手工业作坊，产品档次很低，产品质量不高，缺乏市场竞争力。因此，亟须加大野生稻加工关键技术及新产品研发的力度，否则，海南省现有的几家加工企业在市场竞争中讲始终举步维艰。

9.4　野生稻种质资源产业链设计

9.4.1　产业链设计的理论基础

热带农产品产业链的设计应立足于热带区域的资源相对优势，依托市场对资源的配置，集中资金、劳动力、土地、企业家人才等生产要素，以攻克热带农产品加工技术为动力源，发动热带农产品加工工业其他工业，带动热带大农业发展，带动商业及服务业的发展。使第一产业、第二产业、第三产业互为条件、互为动力、环环相扣、协调发展，有序地传递效益，实现经济增值。其本质是依靠先进生产加工等科学技术，实行专业化大规模生产，提高农产品的加工水平，尤其要借助正确的决策和的管理水平，使产业间链状发展，互递增益。

根据以上的分析，可以把热带种质资源分为三大类：

①鲜食型，需求弹性不大，如香蕉、龙眼，相对稳定，很难实现产业化；

②既可做原料，又可鲜食型，如水稻、花生等；

③纯原料型，天然橡胶、烟草，可以实现真正产业化。

根据不同的种质资源类型，产业链也需要分层次发展，有一些需要走技术路线，有一些需要走产业管理。

农产品的性质决定了发展潜力，种质资源的差异性对产业链后续开发起决定性作用，需求弹性小的不适于组建产业链。利用分层次管理理论，把种质资源的差异性分层次，解决差异性问题。

种质资源是如何发展成农业的问题一直困扰着理论研究者。这正是种质资源经济学的学者需要深入研究并将努力解决的问题。

可见，把种质资源发展到农业，是在试对环节之后，大面积推广，然后组织生产（建立农业体系），产成一个产业的过程。而经济一定是在产业的基础上形成的，试验是不计成本的。

现在国家提出大力发展农业产业化，但作为理论研究者，我们需要认真考虑产业化是什么，产业链是什么，它的优势在哪里。是不是所有的热带种质资源都能进行大规模产业化。

产业化的特点把各个环节连接起来就是产业链。产业链的优势是整片开发、同质量、标准化、一体化。产业链之所以能创造价值，是因为它把没有分工的农业进行细致的分工，提高整体价值，让每个环节在价值不变的前提下，降低成本，提高效率，这是系统的效益，是制度创新的结果。产业链通常包括生产、加工、营销3个环节，而一般很难做到3个环节同时增收。

9.4.2　稻米加工的主产品

21世纪，我国稻米精深加工优先发展的领域是加快稻米加工业关键技术开发，实现稻米的精深加工，优先发展的方向是稻米资源多层次、多品种的合理利用。

稻米加工的主产品将朝着方便、快捷和安全绿色的方向发展。

（1）方便快捷

为了适应人们工作、生活快节奏，在国际市场上花样繁多的方便米饭及各种冷冻、微波、旅游食品等越来越受到欢迎。目前，全世界方便食品的品种已超过了15 000种，有向主流食品发展的趋势。冷冻食品向小包装、多品种、调理简单方便的家庭化方向发展。

（2）安全绿色

适应食品安全卫生健康的发展方向，以生产高质量、高档次的食品为主，开发各类"绿色食品"、"有机食品"和满足一般消费层次的中低档产品，开发富硒、免淘、精洁、方便米饭等新产品。绿色食品、有机食品虽起步晚，但发展快，越来越受到消费者的青睐，目前，正向标准化、系列化、规范化和产业化的方向发展。

稻米加工的主产品将包括速煮米、方便米饭、冷冻米饭、调味品、焙烤食品、谷物早餐、休闲食品、肉制品等。冷冻餐盒是国外近年来开发出的产品，顾客可根据自己的口味选择配有海鲜、牛肉、蔬菜等各种口味的冷冻餐盒，它具有方便、卫生、快捷的特点，只需放在微波炉内加热几分钟，就能吃到美味可口的饭菜。

我国是传统的大米消费大国，民间早就有将大米加工成品种繁多的可口食品的习惯。我国的大米消费大部分是口粮消费，加工成各种安全卫生食品的比例极小，应该让我国传统米制品的生产走上工业化道路。比如，米酒在我国有上千年的历史，比日本早很多年，但日本却早已把米酒制成了销往全世界的产品。我国的传统米制品还有许多，中医中许多药膳粥的配方是值得我们很好的开发和利用的。

9.5　海南岛野生稻种质资源产业链开发建议

9.5.1　组织链管理一体化

（1）政策引导

应发挥区位资源优势、促进种质资源在产业内企业间的合理配置，通过政策引导、组织规划、协调沟通等手段确保组织链中企业、专业协会、合作社、分散的种植户等组成一条完整的产业链。

（2）建立公平利益分配制度

应在行业内建立公平的利益分配制度，加强组织链中各利益主体的协调和分工，加强订单合同规范化建设，保证弱势种植户获得行业平均利润。"风险共担，利益共享"是农业产业链组织的基本原则。

（3）建设野生稻种质资源协会

加强各级野生稻种植户协会和野生稻种植专业合作社的建设，扶助政府和企业优化资源配置。

（4）扶持龙头企业

龙头企业是发展野生稻产业链的突破口，龙头企业能否发展和做强是推进野生稻产业链的关键。大力推广"公司＋基地＋标准化"产业模式，打造海南野生稻加工运销龙头企业。通过引导龙头企业参与种植基地建设，将产业链向生产源头延伸，按照"公司＋基地＋标准化"模式从打造中国热区种植基地向创办野生稻深加工极低延伸，构建"种植、加工、保险、储运、外销"一条龙产业链。

9.5.2 价值链管理最优化

（1）加大良种推广力度，全面提高产品品质

应在选育试验的基础上，加大良种推广力度，全面提高稻米的品质和产量，既要做到适地适"品种"，突出地区特色，创地区名牌，又要做到早、中、晚熟品种合理搭配，鲜食品种与加工品种比例协调，以平衡上市，延长供应时间，提高市场竞争力。在良种选育方面，应注意选早熟、两性花比例高、再生花序率高、抗逆性强及产量高、品质优的品种。

（2）加强采后商品化处理，提高产品附加值

应积极开展采后商品化处理技术研究，在野生稻贮藏保鲜方面增加科技投入，加强野生稻产品的采后生理、采后处理、分级包装、贮藏运销的研究，建立产品颜色、口味、状态、营养价值、残留物、分级包装、贮藏运销的技术规范和规格标准。

（3）实施名牌战略，发展产业化经营

针对海南野生稻产业现状，野生稻生产应以优势品牌建设为中心，大力推行野生稻产业化建设，发展特色米业，选择生产条件优越、产品有优势的主导产品，在科技、资金、设备等方面进行重点扶持，如"火山香"牌等名牌产品。

围绕良种推广、基地建设、标准化生产、产后分级包装、贮藏加工、运输营销等产前、产中、产后全过程，形成产业化经营，培育几个在国内外有较高知名度的优质名牌，增加产品信誉度，从而提高产品价值。

9.5.3 信息链管理及时化

农业产业链管理的基本思路是通过信息流来带动农业产业链中的物流、价值流等。在农业产业链的管理中，信息初始源头来自市场或消费需求，在获得有价值的市场需求信息之后，反向对农业产业链的各环节提出相应要求，产业链的各参与者根据市场的原则加以有目的地分工与协作，即用尽量少的投入尽快供应符合市场需要的产品。

中国热区产业应对的是国内外纷繁复杂的消费市场，所以应根据本行业的特点及国内实际情况加强对信息链的建设。具体措施如下。

①建立健全价格预警机制。

②加强野生稻专业网站的建设。

9.5.4 物流链管理畅通化

全面推进海南农产品绿色通道建设，在严密监管中创建海南农产品出口"绿色通道"：

一是建立政府、检验检疫机构和企业齐抓共管长效机制。

二是推进海南"金质工程"尤其是电子检验检疫"大通关"建设。

三是整合海南口岸功能，理顺各类进出口货物的运输、仓储、堆放、分流渠道。

9.5.5 技术链管理标准化

推行野生稻产业标准化，就是以科学技术和实践经验为基础，把先进的科技成果转化为标准，并加以实施、监测，使野生稻生产、加工、管理和服务实现标准化，使野生稻品质标准与安全卫生、分级包装和运输等标准相配套，形成与国际接轨的产品质量标准体系。

要重视野生稻产前、产中、产后的科技投入，建立海南野生稻无病毒种质资源繁育中心，完善无病毒繁育体系，为野生稻优质良种良苗生产提供保证。通过野生稻优质名牌工程建设，提升我省野生稻生产技术水平。要加大商品化处理技术、贮运保鲜技术和综合加工技术的研究，开发新技术、新产品。

10 案例研究：海南火山香有机米产业链研究

根据科学研究，香稻的香味缘自香禾中含有一种叫"古马林"的挥发性有机物的缘故。它的形成与热带气候有关。许多热带草本植物含有这种挥发性有机物。

在水稻中出现这种变异，经过人工选择，发展成为各种各样的香稻品种。而与海南同属热带的泰国，特殊的热带自然地理条件造就了泰国香米的优质品质，目前泰国香米已占据我国高档米市场绝对份额，价格是普通大米的数倍甚至数十倍。

水稻是海南的主要粮食作物。海南省与泰国北部处在同一纬度，气候呈热带季风气候类型。但泰国北部由于每年只有 5 个月时间能种植香稻，全年只能种植一茬，而海南每年可种植两茬，可以极大提高种植产量降低种植成本。特别是海南省的火山土壤中含有独特的富硒资源，又拥有优质洁净的水源和生态环境，非常适合香稻生长。海南虽然具有堪比泰国香稻种植的热带地域等优越条件，但由于稻米产业规模小、品质一般，加之市场低迷、价格低廉，水稻种植一直无法成为海南农民致富的手段。

本研究之所以选取海南省农产品运销有限公司作为研究，是因为该公司投资开发的海南岛火山香米项目，从种质资源的培育，到种植、加工以及产品开发、包装定位等一系列工作，都是在海南岛内完成的，是非常有代表性的从事种质资源开发的现实案例。

10.1 海南省农产品运销有限公司简介

公司成立于 2007 年 12 月，由海南省供销合作联社、海南瑞今投资控股有限公司发起成立，注册资金 3 000 万元人民币。主营业务为农产品种植、冷藏、保鲜加工、运输、出口。

公司成立以来，积极指导农产品基地生产，组建物流车队，开拓农产品市场，组织农产品出口，为海南热带特色现代农业发展做出了一定贡献。

作为省委省政府赋予发展海南热带高效农业战略希望的平台，海南省政府《关于切实加强农业基础地位，加快推进热带特色现代农业发展的意见》（琼发〔2008〕2号），明确提出培育壮大省农产品运销公司。借助海南"无疫区、健康岛"的品牌和特殊的资源优势，以省农产品公司为农业资本整体运作平台，正在通过重组、整合，有步骤打造公司"一猪一米一园"产业集群。

一是控股构建完整的生猪产业链，逐步完成从生物饲料、种猪、养殖、屠宰、深加工系统的产业布局（第一条100万头生猪屠宰加工项目已于3月30日在海南省澄迈县老城经济开发区动工建设，总体投资2.2亿元，占地750亩，是海南省第一家完全按照出口标准打造的五星级大型肉联项目）。

二是推出原产地保护、有机种植、品质一级、自主品牌的"海蓝岛"、"火山香"富硒香米。"一猪一米"是关系国计民生的重要产品，是海南农民致富的关键，也是海南农业打造国际品牌、建立国内广泛营销网络最有效的选择。而且，"一猪一米"可形成完美的生物链，既可相互促进生产高附加值产品，又可保护海南省宝贵的生态环境。

三是以"一猪一米"建立的产业和市场网络为基础，积极筹划投资18亿元，建设占地3 000亩的"中国—东盟国际热带农产品物流园"，建立从基地到餐桌的农产品封闭供应链，不断拓展热带农产品产、销两地市场，建立产销衔接的有效机制，做大、做强农产品物流产业，不断扩大公司在海南农产品生产标准化、规模化、品牌化经营和农产品物流方面的话语权。

10.2 火山香米产品介绍

从2000年开始，中国热带农业科学院品种资源研究所立项进行热带香稻新品种的选育。科技人员通过利用海南野生稻种质资源和缅甸优质香稻资源进行复合杂交后，采用现代生物技术与常规育种技术相结合，于2007年育成具有自主知识产权的首个热带优质籼型新品种"热香一号"，填补了我国华南地区优质香稻新品种选育的空白。

该品种最高亩产量达450kg。经国家农业部稻米及制品质量监督检验测试中心检测，该产品符合国家一等食用火山稻品种品质规定要求，米粒晶莹剔透，香味浓郁，米饭爽口、绵香、口感极佳。

2009 年初，海南省农产品运销有限公司在定安县富硒资源开发过程中，通过买断"热香一号"香稻独家开发权，开始致力于有机香稻生产，并获得有机大米认证，海南省第一个有机香稻品牌在定安县正式面世。海南定安火山香米的上市，打破了中国南方不产好米的传统观念，标志着海南火山富硒资源开发已进入产业化阶段。

公司有机香稻种植地位于定安境内。定安县地处北纬 19°，多年风化的火山灰土壤丰沃富硒、水源优质，自然环境天然无污染，非常适合香稻的生长。现在火山香米的产量和种植面积有限，种植面积为 380 亩，产量在 4 万 kg 左右。"海南定安火山香米"是"海南香米"系列产品中的极品，特别面向高端消费市场，今后将会逐步推出"海南香米"系列产品。

海南省农产品运销公司负责人表示：未来 3 年，向全省推广"热香一号"香稻 5 万亩种植，并建成 10 万 t 产能的大米生产加工基地，充分发挥海南优越的热带地域优势，通过时间差异化、规模化战略，抢占国内优质大米及泰国香米市场。

公司计划以"公司 + 基地 + 农户"的模式，带动专业化、标准化种植，以实际行动带领广大农户致富，把"海南定安火山香米"品牌打造成海南热带农业的一张亮丽名片，并进而带动广大农户致富。

目前，定安岭口镇大塘村委会发动 300 户农民扩大面积种植富硒大米 800 亩。村民们对富硒大米抱有很大信心，保守估计，普通富硒大米 50 元/kg，每亩可以比一般水稻至少多收入 400 元。

10.2.1　火山香米的自然资源情况

(1) 富硒土壤

硒是一种微量元素，当土壤中的硒含量富集到大于 0.4mg/kg 时即为富硒土壤，可广泛应用于富硒农产品的生产，但硒在地壳中的含量相当稀少和分散，平均值只有 0.05～0.07mg/kg，因此，富硒土壤资源量十分稀缺。

由于硒具有强大的人体生物学功能。世界卫生组织（WHO）建议：人体每天补充 200μg 硒可有效预防多种疾病。但人体要实现更直接、更安全、更持久、更高效地补硒，食用天然富硒大米是最佳途径。

过去一直认为硒是一种有毒的元素，直到 20 世纪 50～60 年代才肯定硒是动物体必需的微量元素，1973 年联合国卫生组织宣布硒是人体必需的微量元素，1988 年，中国营养学会将硒列入人们每日膳食营养素之一。

我国2/3地区属缺硒地区，其中，1/3地区为严重缺硒地区，大约有7亿人生活在低硒区。针对我国大部分地区土壤中硒贫乏、当地居民硒摄入量严重不足的现状，近年来各地纷纷研究开发富硒农产品生产技术，在缺硒地区掀起了补硒热潮。开发富硒稻米，改善稻米的品质、提高稻米的品位、增加稻米附加值、对于提高人民健康水平，促进农民增收具有重要的社会和经济意义。特别是在目前种粮效益普遍较低的情况下，开发富硒营养大米无疑是一条有效的增效途径。

（2）火山灰土

海南省在距今2.7万～100万年间火山爆发，火山喷发在定安县周边的土地上形成火山灰土，其土壤中含有大量的人体必需的稀有的微量元素和矿物质，经海南省地矿局实地对土壤和水稻的地质调查得知，水稻含有的有机微量元素和矿物质符合国家食品安全标准。

（3）火山冷泉

定安县火山冷泉属重碳酸钠钙镁型含硒和锗较高的低矿化偏硅酸冷泉，无色、无味、清澈透明，长年水温在23～25℃，夏凉冬暖，清甜可口，自流的火山冷泉经检验已经符合饮用天然矿泉水要求，公司第一期的380亩水稻生产基地近邻火山冷泉泉眼，冷泉温度的稳定性非常适合水稻的生长，从而可以提高水稻的品质。

10.2.2　开发火山香米的优势

（1）富硒、火山岩土壤的稀有资源

根据"海南岛生态地球化学调查"成果显示，海南省是中国天然富硒资源最丰富的地区之一。其中，定安县又是海南富硒资源最丰富的地区。定安全县耕地面积72.24万亩，约有50%是富硒土壤，主要分布在岭口、翰林、龙塘、龙门等东南部乡镇且呈连片分布，且这一地区的珍稀资源优势在于富硒、富锗、火山岩土壤分布区大部分连片、重叠，易于规模化示范基地建设。

长期以来，定安地区粮食作物以水稻为主。因此，建立香米基地，有集中、规模、连片的土地可供生产富硒香米，同时，集富锗和微量元素。火山岩本身也富含人体所需的各类微量元素，因此，在火山岩风化形成的土壤上出产的香米等农产品也较其他地区出产的同类作物的品质要高很多。这比其他地区的富硒农产品更具价格提高潜力。只要开发得好、推广得好，农民的收入将得到大幅度提升。仅以香稻为例,定安富硒土壤区岭口、翰林、龙塘、龙门等地只要有 5 万亩土地种植富硒香稻,就可带动近 6 万农民、每年为当地农民增加 2 000 多万元的收入。

(2) 定安具有堪比泰国香稻种植的热带地域资源

2009 年 4 月 28～29 日,中国地质调查局与海南省国土环境资源厅组织召开专家评审会,由海南省地质调查院提交的《海南岛 1 : 25 万多目标区域地球化学调查报告》通过了专家评审。调查结果显示,海南岛 94.5% 的土地为绿色、优质和安全土地,近 90% 的土壤达到一级、二级环境质量水平,污染少。

泰国最适合香稻种植在北部的北纬 19°,气候呈热带季风气候类型。热带自然地理条件造就了泰国的香米资源。同样,定安县地处北纬 19°,气候呈热带季风气候类型。多年风化的火山灰土壤丰沃富硒、水源优质,自然环境天然无污染,非常适合水稻的生长。先天的地理优势和富硒资源,为打造中国香米的品质奠定了良好的基础。

(3) 国内热带区域香米品牌的发展需要

我国粮食市场开放近 20 年,大米是粮食市场商品化程度最高的制品。2000 年以后,随着商业业态的发展,连锁超市、大卖场逐渐成为城市居民购物的主要场所,品牌大米开始走进消费者的意识习惯,品牌逐渐成为消费者考量大米安全放心和高品质的依据,市场潜力和发展空间日益彰显。

根据科学研究,香米米质晶莹柔亮、口感芳香润泽,赋予了大自然的清新,大米是人体补充营养素的基础食物。其营养价值高,它含有高纤维、维生素 B1、维生素 B2、于硫酸、醣和蛋白质,也含丰富的矿物质如铁质、钙质和磷质,能充分满足人体每日所需的营养成分。在泰国香米名牌当道的今天,具有先天生产香稻资源的海南,至今却没有向中国市场推出自己品牌的香米。但由于中国的品牌大米市场才刚刚形成,市场竞争格局没有最终定格,品牌大米市场的快速发展,为定安利用稀有品质资源创造"中国热带富硒香米县"新品牌提供了历史性机遇。

10.3　火山香米价值链

火山香米的种植始于 2009 年,以出自中国热带农业科学院珍贵优质稻种"热香 1 号"为品种。2010 年公司发现了市场前景广阔,当即投入 500

万元扩大优质种质资源的引进规模。近一年来，随着新品种的不断引进，定安县扩大种植规模，为做大做强香米产业打下了良好基础。

良好的品牌使火山香米获得了市场和社会的认可，并具备了国际竞争的实力。优质品牌的树立，提高了人们对海南岛火山香米的认同感和市场占有率，增加了产品价值。

火山香米具有米质好、抗病虫害能力较强、对土壤硒利用率高三大特点。如按照其栽培要点进行种植，早造水稻亩产可达400kg/亩，晚造水稻亩产也可达250kg/亩，保守估计亩产值将比原先增加400元/亩。

公司开发出并注册了"海蓝岛"、"火山香"、"火山冷泉"3个涉农产品开发的富硒品牌，生产极品火山香米和高档富硒有机香米。

现有产品包括："海蓝火山香贵族礼盒装"450元/1 500g，"海蓝火山香有机粥米"60元/500g，"海蓝火山香有机糙米"80元/500g，"海蓝火山香有机精米"350元/2 500g等一系列产品。同样是香米产品，"海蓝"牌火山香米成为市场知名品牌，每kg的价格要比别的高出几十倍，这就是品牌效益。

随着人们生活水平的提高，品牌大米市场潜力和发展空间日益彰显。但在泰国香米名牌当道的今天，具有先天生产香稻资源的海南，至今却没有向中国市场推出自己品牌的香米，这一亟待开发的市场，正是一片可以大淘绿金的"蓝海"。

10.4 火山香米信息链

（1）健全的社会化服务体系

在当地政府的指导下做好一系列工作。包括：产品品牌商标注册，成立技术协会和对外出口贸易商会，为农业产业化经营创造良好条件。要切实搞好产业规划，避免低水平重复建设；要加快市场体系的建设和完善，加快市场法规建设，打破市场封锁和垄断，打击欺行霸市，规范市场秩序，促进市场公平竞争；加强城乡信息网络建设，为农户提供及时有效的信息服务，这是促进芒果产业发展的基础。

（2）健全和完善"三大支撑体系"

按照发展社会主义市场经济要求，完善农业社会化服务体系、农产品市场体系和企业对龙头产业的支持保护体系建设，要下工夫把这方面的工作做好。积极支持农民作为投资主体的社会化服务组织，促进经济发展。

10.5 火山香米组织链

为了推广技术种好火山香米，海南省农产品运销有限公司成立了"四大协会"：技术协会、农资供应协会、扶贫基金协会、销售协会，实行"二统一分"，即公司把资源的配置和管理统一起来，把火山香米的产前、产中、产后服务统一起来，农民能做的一分到底，充分调动农民种地的积极性。此外，公司还建立了技术服务体系，技术服务网络覆盖到全场每个角落，形成了县有协会、镇有分会、生产队有技术辅导员的科技服务格局，全方位向种植户推广适用技术和提供技术咨询。公司定期举办了五六期技术培训班，聘请专家到现场辅导上课，普及火山香米生产知识。

2010 年 5 月 24 日，由定安县农业局牵头组织，海南省农产品运销有限公司联合中国热带农业科学院专家举办的有机香稻生产示范展示会在定安县岭口镇大塘村召开。岭口、翰林、龙门、龙湖 4 个乡镇的支部书记、各分管领导及种植大户共 80 多人参加了此次展示会。听取中国热带农业科学院尹明教授对示范田"热香 1 号"杂交水稻的品种优势、栽培技术要点、产生的经济效益进行系统讲解。

10.6 火山香米物流链

一是组建营销队伍，培养经纪人。鼓励有经商特长的农民大胆闯市场，做经营大户，每年为他们评功授奖，给他们以鼓励，同时，也帮助他们协调解决经营中出现的问题。

二是建立销售网络。公司在北京、上海、武汉、长沙、杭州、广州、深圳、佛山、汕头、福州以至海口等大中城市设定"火山香"牌香米销售网点 20 多家。

三是吸引外地客商前来收购。

四是计划建设"中国—东盟物流产业园"项目。该项目规划在海南省澄迈县大丰镇儒杨村西侧，海南西线高速公路 31 ～ 32km 路段两侧，占地3 000亩。选址位于海南省马村港、海口火车南站、海南省西线高速公路、海口环城高速公路、澄迈金马大道、粤海跨海大桥（规划中）附近，并有大型海运码头、铁路、公路连接，完全符合物流园区选址原则，项目选址非常适当。主要建设内容包括：综合办公服务区、热带农业会展中心、农副产品交易区、流通加工区、农产品预冷储藏区、农产品电子交易平台、农产品及农资配送中心、生活区及配套等。

五是外出开辟销售市场。公司利用省政府给予的对外出口权，与新加坡、香港、泰国等国家客商签订出口合作意向。

六是公司自有运输车队。现有各型大小车辆 10 余台，专职司机 10 人，资产净规模超过 300 万元。主要从事农产品运输工作。

通过以上措施，这不仅解决了火山香米销售的问题，也使得产品价格大幅提高。

10.7　火山香米技术链

科学技术是第一生产力。在技术上，公司与中国热带农业科学院合作签订了买断"热香一号"水稻的品种权和致力于优质稻开发的长期合作协议；聘请专家进行水稻科学配方施肥试验，并把试验成功的配方推广。科学配方施肥的推广，克服水稻生产大小年的现象，同时，也大大降低了生产成本。目前该公司已完成海南第一个有机水稻认证，"定安火山香米"原产地保护产品已完成申报工作。

为使火山香米种植业在短期内迅速形成规模，公司从 3 个方面适时抓了科技兴农战略实施。

①不断探索新技术。公司已成功摸索出一套管理技术措施，火山香米具有米质好、抗病虫害能力较强、对土壤硒利用率高三大特点。如按照其栽培要点进行种植，早造水稻亩产可达 400kg/亩，晚造水稻亩产也可达 250kg/亩。

②推广科学配方施肥技术，实行标准化生产。

③抓香米无公害生产。2009 年，公司成立了有机认证领导小组，在上级主管部门重视和支持下，公司种植基地的有机无公害标准化生产形成了齐抓共管的良好局面。2009 年，公司大塘生产基地通过了中国有机生产基地认证。

10.8　火山香米项目运营模式

10.8.1　富硒、生态、有机、品牌化全程打造

以海南省农产品运销有限公司为核心，引进农业产业化战略投资公司。

依托定安县稀有矿物元素资源，通过施用有机肥、生物种间互控互促的消长规律，对稻田不中耕、不除草、不施化学农药和化学肥料，实现农产品的无害化、营养化，并提高其经济价值，并开发出具有国际水准的原产地保护、有机种植、自主品牌的富硒香米系列。

10.8.2   "五个一"标准化全程执行

按照"公司＋基地＋市场＋科技"的产业化运作模式，实施"五个一"（即一份合同、一本技术资料、一袋专用种子、一包专用肥料、一套生物农药）的系列化服务方式，建设万亩标准化富硒香稻基地，全面实施农业标准化。通过基地建设，订单农业，保护价收购，推行良好农业操作规范（GAP），严格按操作规范进行生产管理，大力发展热带稀有品质特色的绿色食品和有机食品。

10.8.3   延伸产业链，创新农村建设全程支撑

"龙头企业＋生态循环小区＋休闲农业"，即在龙头公司的带动下，发动农户全面参与，采用有机生态生产方式，种养结合，农业与旅游业结合，产业发展与整个生态文明村建设相结合，立足定安镇域资源优势，以打造"中国热带富硒香米县"为契机，全面建立与推进政企双方在定安乡镇热带高效农业产业化、新农村建设、市政公用事业、旅游休闲度假、富硒农产品开发等资源开发方面的多层次、全方位的合作开发关系，共同把握中国农村经济体制及海南特区经济二次起飞所带来的发展机遇。

10.8.4   加强合作，争取早日上市

成立海南香米研究院、种植基地、加工基地及销售中心，按照不同功能模块分布加强与中国热带农业科学院、省市主管部门、省内加工企业、大米批发网点及超市的全面深入合作。

在时机成熟之后，单独成立香米项目公司，抓住机遇争取在深圳证券交易所中小企业板块上市。火山香米项目运行模式，见下图所示。

10.9   火山香米项目营销策划方案

海南省作为中国生态农业的最原始的绿地之一，是我国绿色生产技术、绿色标准的孵化地，其自然资源和土壤优势必将逐步成为我国有机绿色农业

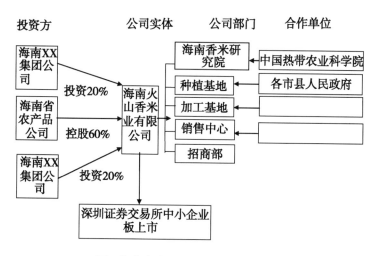

图　海南岛火山香米项目运营模式图

生产的基地。

　　海南省定安县毗邻海口市，是比较典型的农业县。定安县的土壤中含有非常稀缺的火山灰土、富含硒等微量矿物质，火山冷泉常年保持在 23 ~ 25℃，特别适合水稻的生长，地处北纬 19°，是和泰国香米的种植地一样的纬度。

　　看好定安县的地理位置、土壤和自然资源优势，以中国热带农业科学院独有的科研成果为依托，开发海南火山香米新品种，做精品、保健康、食营养，提倡科学饮食新概念，也是开发海南火山香米新产品的目的。在海南种植香稻并开发香米产品，在我国热带香米的历史上是首创。

　　"海南省富矿物微量元素有机大米"是由中国热带农业科学院品种资源研究所从 2000 年开始立项进行热带香稻新品种的选育，科技人员通过利用海南岛野生稻种质资源和地方香稻品种以及缅甸优质香稻资源进行复合杂交后，采用现代生物技术与常规育种技术相结合，于 2007 年育成具有自主知识产权的首个热带优质籼型新品种"热香 1 号"，最高亩产量达 450kg，填补了我国华南地区优质香稻新品种选育的空白，以其拥有的品种、火山、冷泉、富硒、富锌五大独特魅力，打破了中国南方不产好米的传统观念。

　　火山香米的水稻生长在海南省定安县火山灰土上，火山香米由此得名。

　　海蓝火山香稻严格按照有机栽培方式进行田间管理，通过了有机认证。经农业部稻米及制品质量监督检验测试中心检测，海蓝火山香米符合"一等食用籼稻品种"品质要求，营养丰富，清香可口，食味独特。

公司定安水稻生产基地有纯生态的自然环境优势，保留了比较原始的耕作方式，按照有机食品的要求进行田间管理，用稻田养鸭除草除虫。水稻生长环境碧水蓝天、空气清纯，白鹭成群，水质清澈，为高精品水稻创造了良好的自然环境。稻种选用的是经中国热带农业科学多年试验研究的高效优良香稻品种，并有独家使用权的优势。

10.9.1　海南省定安县自然资源优势

①富硒土壤：定安县耕地面积 72.24 万亩，约有50%是富硒土壤，主要分布在岭口、翰林、龙塘、龙门等东南部乡镇且呈连片分布，且这一地区的珍稀资源优势在于富硒、富锗、富锌火山岩土壤分布区大部分连片、重叠，易于规模化示范基地建设。经近年的医学研究表明，硒具有提高肌体的免疫力、抗衰老、解毒排毒、预防心血管病及保护视觉器官的作用。

②火山灰土：海南在距今 2.7 万～100 万年间火山爆发，火山喷发在定安县周边的土地上形成火山灰土，其土壤中含有大量的人体必需的稀有的微量元素和矿物质，经海南省地矿局实地对土壤和水稻的地质调查得知，水稻含有的有机微量元素和矿物质均符合国家食品安全标准。

③火山冷泉：定安县火山冷泉属重碳酸钠钙镁型含硒和锗较高的低矿化偏硅酸冷泉，无色、无味、清澈透明，长年水温在 23～25℃，夏凉冬暖，清甜可口，自流的火山冷泉经检验已经符合饮用天然矿泉水要求，公司第一期的 380 亩水稻生产基地近邻火山冷泉泉眼。

10.9.2　开发海南火山香米的优势和劣势

(1) 开发海南火山香米的优势

①品种优势：公司已经同中国热带农业科学院建立了长期合作研究水稻优良品种的框架协议，并买断了中国热带农业科学院经过多年试验研究的高效优良香稻品种"热香一号"的独家使用权，在水稻品种使用上占有优势，在香米市场开发上抢占了先机。

②品牌优势：公司为了更好地开发海南香米市场，公司已经先期进行了有机香稻的论证，并得到了国家相关部门确认的有机认证。同时为大米品牌申请了商标，具体注册的商标有"火山香"、"火山冷泉"和"海蓝岛"品牌。

③卖点优势：海南自然环境、富硒、有机认证、火山灰土、火山冷泉和热带香米概念。

④基地优势：公司自有水稻生产基地，经海南省地质调查局勘探调查土壤中含有富硒等元素。水稻生产基地地处北纬19°，气候呈热带季风气候类型，和泰国香米产地同在一个纬度上，水稻专家试验研究认定公司的生产基地的土质、水温等自然条件更适合香稻的生长繁育。

⑤政府支持优势：生产基地的建设得到了定安县人民政府的大力支持和帮助，公司力求政企紧密合作，合力打造"中国热带富硒香米县"，使农民得实惠，地方创品牌，公司求发展落到实处。

（2）开发海南火山香米的劣势

海南火山香米是新品牌、新品种，没有市场基础，受泰国香米的影响，从口味和香感上，南方人比较喜欢食用，北方人和南方人在口味上有差异，也会影响到消费人群。

海南省农产品运销有限公司前期开发的香米以精品为主，价格初步定在每市斤30元，属于高端消费人群可以接受的食品，价格高于现在大米市场上的有机大米、泰国香米和东北大米．现东北大米每市斤价格为2.0~3.5元，泰国香米的价格在4.0~7.0元，火山香米的价格是其5~10倍，在价格上没有优势。

10.9.3 大米市场调查及市场分析

（1）海南粮油批发市场规模及现状

海南省粮油批发市场基本都集中在海口市秀英区，市场内批发商有45家左右。而每年我省从外省进购各种大米总量约100万t左右。全省各市县的二级批发商均从这些粮食市场进货。市场的大米品牌多达几十种，产地分别来自广东、江西、江苏、东北、湖南、湖北等省。此外，还有不少在国内委托生产的泰国香米和海南本地产的散装米。相比而言，同等规格下，标注有泰国香米的大米，比国内普通的大米价格要贵出约1倍左右。市场上的所谓泰国香米，并非真正的泰国香米。不少泰国香米其实是用低价的越南米掺香精后制成的，还有商家将普通的泰国米掺进香精，来冒充泰国香米。

近年来，媒体报道市场出现过大米假冒、变质和添加香精的问题，保障消费者的健康和食品安全已经成为社会责任和企业责任。《中华人民共和国食品安全法》自2009年6月1日起施行，通过食品安全立法，保证食品安全，从法律上有法可依。民以食为先，食以粮为先，大米作为中国传统的主食，现在高端消费者不单纯是吃好的问题，而是吃精品、吃健康、吃营养，传统的消费观念正在悄悄地蜕变。

（2）海南大型超市大米销售情况

经过对大润发、南国和家乐福等几家大型超市实地调查了解到，其主要经营东北大米和泰国香米，主要消费者为普通市民，东北大米每市斤价格为2.0~3.5元，泰国香米每市斤价格为5.0~15.0元。

在海南省的大型超市有机大米很少，价格在10元左右，即使是得到了有机认证也不一定卖到好的价位。有机认证的标准要求生产严格按照标准进行，不施用化肥、农药、除草剂等化学药品，没有任何有害物质残留，标准很难达到。

（3）大米市场销售及市场分析

海南省大米市场销售主要以普通市民消费为主，没有高档价位品牌大米销售，市场主要以东北大米和泰国香米为主，本地大米的价格低于同类的其他地区的大米，有市场开发的机会，也有新品牌开拓市场的阻力，而价格和新品牌是影响消费的主要问题。

在品牌创新上，火山香米有卖点，在海南省的市场有潜力，但由于价格过高，目前的市场机会不大，需要得到消费者的认可和市场培育过程。从中高端市场销售看，市场份额很小，以海南省为基础，站稳基本市场，面向全国市场，做好全面市场营销布局，需要从利基营销的角度制定海南火山香米全国市场营销方案。

10.9.4 海南火山香米目标市场定位及目标市场细分

①目标市场：以海南为基本市场，以北京市场销售为重点。

2009年11月火山香米产量在6万~7.5万kg左右。因产量少，价位高（每千克34元），又处于新产品开发推广阶段，把主要消费市场定位在海南和北京两地，上海、广州、深圳等地少量上市，2010年以后在全国宣传推广销售。

②消费目标市场细分

消费目标市场主要定位在金融业、企业高管、离退休老干部、石化企业、高级白领、老人和儿童等。全国的购买者主要定位在高端消费、集团消费和礼品消费为主。

以海南省自然环境、富硒、有机认证、火山灰土、火山冷泉和热带香米概念，突出一到两个卖点，抓住消费者购买心理，逐步渗透到各个有能力消费阶层，扩大市场容量和市场需求。在广告宣传上向消费者渗透科学饮食新概念，健康吃米，向品牌差异化的市场营销方向发展。

10.9.5 海南火山香米的市场营销设想

（1）市场状态

海南火山香米属于新品种新品牌，没有市场知名度，在市场推广上会遇到很多的问题和同行竞争的阻力。因此，在初期推广上，特别需要有营销经验的营销专家或营销团队在战略上的谋划和指导，也需要有实践经验的人士在寻找高端目标消费团体上的支持和帮助，以高端消费为主，多渠道多方面推销火山香米，从市场推广的实践中找到最佳的消费客户。

（2）消费需求

以"领袖消费"为主要目标消费群体。即以高消费为主，高端消费主体的人群，属于大众消费群体的小众，但其消费能力远远超出大众消费人群，消费人数少，消费价值高，市场份额少，在大米消费市场中属于最高端的精品消费。

（3）竞争状态

海南火山香米的市场竞争主要是价格和地域消费者饮食习惯的竞争。价格高也是我们的优势，好的产品的市场价格也决定了它的市场地位，利用海南独有的自然环境优势，借鉴日本天价大米的成功经验，站在最高点走精品市场路线。

（4）市场机会

海南火山香米进入市场，没有走中低价位，而是直接走高端市场，有机会有风险。明确目标市场和市场定位，以健康、品质、质量为基础，以健康饮食概念为诉求，让消费者接受保健康、食营养的消费理念，从主食上引导和创新科学饮食新概念。

（5）市场策略

①团队营销：传统的营销团队营销，扩大市场影响面，提升产品知名度，在宣传和推广上增加市场的辐射面。

②高级顾问营销：聘请有活动能力、有影响力的人士作为我们的高级营销顾问，从个人对饮食健康新概念的角度推介海南火山香米，从食用主食对身体健康的重要性出发，带动集团消费和礼品消费市场。

124

③领导营销：从干休所、国家部委老干部局的离退休领导的身体健康需要出发，以福利待遇发放的形式形成集团消费。通过主食食用全面调节，提升老同志的免疫力，并延缓衰老。以点带面，找新卖点，也可以考虑开发适合老年人食用的米粉系列产品，使副产品找到市场，增加产品附加值。

④星级酒店营销：以精品的形式在五星级以上的酒店销售，提升产品的档次和品位，拓宽高端消费人群。

⑤网络营销：借助网络宽广的视觉平台，在网络上加大对海南火山香米的宣传力度，通过电视、报纸、POP 广告和网络多角度全方位形成立体的宣传态势，用好用足媒体资源。

⑥米水石营销模式：开发香米套装系列产品，一袋香米配一块小的火山石，外加火山冷泉水，附米饭蒸煮使用说明。强调火山香米蒸煮的原汁原味的口感效果和食用吸收的妙处，强化火山矿物质的保健功能，用差异化提升品牌的精品定位。

（6）火山香米的产品诉求

从食品品种、安全、有机、富硒、火山灰土等卖点上突出产品诉求，从健康饮食上做文章，强调主食食补更有利于人体吸收，既满足消费者物质的需求，又满足精神上的需求，说服消费者接受新的饮食生活理念。

（7）产品包装思路

从外部包装设计要求突出环保概念、火山概念、礼品概念和热带香米概念，从形状上要求小而精，每件产品的重量要控制在 1~5kg，色调色彩上简洁明快，突出海南热带有机富硒香米的元素。

（8）产品广告设计

广告语设计要巧用海南热带香米、富硒、有机、火山灰土概念，取 1~2 个作为主体广告语，如"物以稀为贵，米尊火山香"等，并融合饮食健康新概念理念。

（9）渠道模式：以直销、高端超市、农副产品礼品市场（如北京锦绣大地农产品批发市场）为主。

（10）销售政策

①营销团队销售政策：制定全面的营销中心总监及团队成员的激励政策，明确市场销量、市场份额、市场价值和市场规模等量化标准，以底薪、提成为基本条件，采取传统的营销模式。

②高级营销顾问销售政策：营销顾问是指其本人不属于公司员工，有能

力帮助公司促成产品进行大批量集团消费活动，并给公司带来实际的收入的人。为鼓励营销顾问的工作成绩，根据实际销售金额从中给予高于超市返利的现金奖励。

③超市销售政策：按市场销售实际价格的 10% ~ 30% 返利给超市，或按超市常规协商确定。

(11) 广告宣传策略

广告策略，突出的是目标市场定位、广告促销策略和广告心理策略。

前期的平面媒体宣传主要以报纸的隐形广告作为铺垫，以软文的形式让消费者从感知、认知到主动有意识有动机地尝试食用产品，先预热消费市场，再进入产品市场。

在宣传方面，公司计划聘请国内国际的知名营养专家学者、水稻专家和食品科研院所的专家对香米的食用价值做全方位的研讨论证，加大舆论宣传力度，以产品诉求为基础，从纯生态绿色农业、有机的原始耕作方式上做文章，使火山香米的概念更清晰、更明确。

公司计划在北京成立火山香米中国营销中心，以北京市场为重点，辐射全国市场，为后期开发香米系列新品牌奠定基础。

海南火山香米在广告宣传上要突出其稀缺性、产量有限和高端精品概念，概念点、利益点、支持点和记忆点要有高度。

10.9.6 海南火山香米市场前景的展望

借助海南省定安县独特的自然环境优势，和将农业生产方式回归绿色有机的、传统的种殖、养殖模式，公司在定安县开发农业项目有优势有高度，对于香米产品的开发有以下优势。

①香稻品种的独家使用权优势；

②富硒、火山岩土壤和火山冷泉的稀缺性；

③地质调查资料的独家知情权；

④热带有机火山香米的新概念；

⑤无污染的种植生产基地（不施用化肥、农药、除草剂等化学药品）。

公司计划在 3 年时间里分 3 期开发香米和米粉系列产品：

第一期开发 380 亩精品示范生产基地，主要以高端大米——海南火山香米品牌为主。

第二期开发中产阶级可以接受的香米，以火山冷泉、海蓝岛品牌推广为主，向自我品牌多元化参与市场竞争方向发展。

第三期将香米系列和米粉系列全面推向市场，扩大市场占有率。创海南农业产业的龙头企业，形成海南香米系列和海南米粉系列的名牌产品，争取在 2～3 年在全国米业市场中占有一席之地，向全国名牌产品的方向发展。

11　热带作物种质资源的
分层次发展

　　海南建省办特区以来，社会经济面貌发生了深刻变化，取得举世瞩目的成就。但是，从层次的角度观察，研究经济发展的不平衡现象，探索不同层次的经济优化发展路径，实现海南热带农业经济的优化发展，具有重大的研究价值。尤其是对海南野生稻种质资源的分层次发展研究更具有特色和现实意义。

　　首先，海南省野生稻种质资源产业链是农业产业链的一种，是与野生稻种质资源初级产品生产密切相关的具有关联关系的产业群所组成的网络结构，包括野生稻种质资源产前、产中、产后各个产业部门的紧密联系。野生稻种质资源产业链的内容包括产品链、价值链、组织链、信息链、物流链和技术链等。只有加强各链条之间的联系和结合，才能实现利益最大化。

　　其次，野生稻种质资源是海南省最重要的热带作物之一，野生稻种质资源生产在海南经济中占有重要的地位，它关系到生产资料生产、野生稻种质资源加工、贮藏运输、分销、包装、批发零售等各个相关部门的存在和发展，野生稻种质资源产业链是由这些相关部门的各个环节构成的组织形式。具有资产专用性高、市场风险大、对物流的要求高等特征。

　　最后，应用产业组织理论，以野生稻种质资源产业为组织载体，研究野生稻种质资源产业的结构、行业和绩效以及相互之间的关系，对野生稻种质资源内部企业之间的竞争进行研究，目的是探讨野生稻种质资源产业组织状况及其演变对产业内部资源配置效率的影响，为提高野生稻种质资源产业链的运行效率，提供理论依据和政策建议。

11.1 热带农业分层次发展理论的提出

2002 年，华南热带农业大学（现海南大学）教授傅国华论证并提出了"经济分层次增长"理论框架，提出热带农业分层次发展的"菱形路径"。

11.2 海南经济发展特性分析

本章所采用的因子分析法是用相对少量的几个因子，去表示许多相互有关联的变量之间的关系。因子分析是将观测变量分类，将相关性高的变量放在同一类中，每一个类的变量实际上隐含着一个因子。因子分析的基本假定是，可以用潜在的因子来解释复杂的现象。应用此方法来研究经济问题，在数量逻辑上是合理的。有很多学者都已经应用过因子分析法对经济的现象进行过相关的研究。常用的因子分析模型为正交因子模型：

$Xi = Ui + ai1F1 + ai2F2 + aimFm + Ui$

$(i = 1, 2, 3, \cdots k)$

式中：

Xi——第 i 个观测变量，共有 k 个变量；

Fi——第 i 个公共因子，共有 m 个因子；

aij——第 i 个变量在第 j 个因子上的负荷；

Ui——第 i 个变量的特殊因子，也叫误差；

Ui——第 i 个变量的均值，如果变量 X 是标准化的，则均值为零。

建立起正交因子模型后，就可以对所要分析的问题进行分析。通常情况下参照以下几个步骤：

第一步，列出所要评价的样本矩阵 ［Xij］ mxm。并对资料矩阵进行标准化；

第二步，求出标准化矩阵的相关矩阵；

第三步，求出相关矩阵的特征值，并因此确定相应的特征向量和贡献率；

第四步，为了使公因子的意义明确，建立因子载荷矩阵；

第五步，计算各公因子得分值。因子得分可用于模型的诊断，因子得分的计算是对不可观测的随机向量 F 取值的估计。

11.2.1　海南各市县经济发展特性分析

（1）变量选择

经过专家咨询法，并根据因子分析法的要求，本文选择的评价指标体系如下。指标体系主要能反映各市、县经济发展状况，社会福利发展水平等。

X1——人均 GDP（单位：元）；

X2——人均病床位数（单位：张）；

X3——人均全社会固定资产投资（单位：万元）；

X4——人均农业生产总值（单位：万元）；

X5——人均工业生产总值（单位：万元）；

X6——人均社会消费品零售额（单位：万元）；

X7——人均外贸出口总值（单位：万美元）；

X8——各市县学校数（单位：所）；

X9——货运总量（水运＋公路）（单位：万 t）。

应用正交因子分析模型，对上述变量，以下述的数据资料，应用 SAS6.12 进行统计计量分析。

（2）数据来源及处理

数据来源于 2009 年海南省的统计年鉴，收集海南各市县 2008 年的经济发展状况数据如下表，以 2008 年的不变价格进行分析。

第一步，对海南省 18 个市县社会经济状况进行分析，根据统计资料和变量数，评价样本矩阵为［Xij］19x9，其次对资料矩阵进行标准化，结果见表 11 - 1，并求出标准化矩阵的相关矩阵。

第二步，求出相关矩阵的特征值，并因此确定相应的特征向量和贡献率，见表 11 - 2，取公因子的个数 m = 4 个，4 个公因子的累计贡献率在 85% 以上（87.95%），说明前 4 个公因子反映原始变量的信息已占总信息的 85% 以上。

第三步，为了使公因子的意义明确，建立因子载荷矩阵，见表 11 - 3：正交旋转因子载荷矩阵。由表 11 - 3 可以看出 FACTOR1 在变量 X1、X2、X3 上有较大载荷，而这四项指标主要反映了各市县经济发展的综合实力，可以把 FACTOR1 称为社会经济综合发展因子；第二个因子 FACTOR2 在变量 X8 与 X9 上有较大的载荷，可以把 FACTOR2 称为社会福利因子；第三个因子 FACTOR3 在变量 X7 上有较大载荷，可以把 FACTOR3 成为内贸因子。

第四个因子 FACTOR4 在变量 X5 上有较大的载荷，可以把 FACTOR4 成为工业发展实力因子。

第四步，计算各公因子得分值。根据各公因子得分系数，系数详见表 11－4。

表 11－1　海南省各市县因子分析数据表

序号	市县	X1	X2	X3	X4	X5	X6	X7	X8	X9
1	HK	24782	0.008	1.198	0.050	0.559	1.124	0.003	44	2011
2	SY	6631	0.004	0.337	0.797	0.409	0.686	0.016	36	582
3	WZS	5722	0.006	0.210	0.682	0.448	1.182	0.000	11	27
4	WC	6738	0.002	0.214	1.479	1.283	0.681	0.002	34	602
5	QH	9342	0.002	0.328	1.309	0.768	0.749	0.001	29	340
6	LD	5976	0.002	0.319	0.755	0.674	0.656	0.027	25	905
7	DF	3953	0.002	0.059	4.231	0.580	1.886	0.000	30	452
8	QZ	3360	0.003	0.077	2.841	0.443	0.920	0.000	28	185
9	WN	5226	0.002	0.128	1.611	0.563	1.909	0.004	30	1084
10	BT	3534	0.003	0.110	1.935	0.413	0.825	0.000	18	53
11	LS	3760	0.001	0.075	3.179	0.492	0.741	0.003	24	140
12	BS	4069	0.002	0.065	4.406	0.626	1.118	0.000	24	53
13	DA	3179	0.001	0.078	2.242	1.034	1.397	0.004	23	217
14	TC	4515	0.002	0.086	2.981	0.532	1.695	0.000	18	131
15	CM	5232	0.002	0.190	1.269	0.706	0.554	0.001	25	424
16	LG	4979	0.002	0.101	3.806	1.025	1.027	0.000	21	609
17	CJ	6303	0.003	0.152	1.630	1.502	0.911	0.000	22	166

表 11－2　相关矩阵的特征值及对应的贡献率

变量	X1	X2	X3	X4	X5	X6	X7	X8	X9
特征值	4.0866	1.6003	1.1917	1.0366	0.06040	0.2083	0.1486	0.1194	0.0046
贡献率	0.4541	0.1778	0.1324	0.1152	0.0671	0.0231	0.0165	0.0133	0.0005
累贡献率	0.4541	0.6319	0.7643	0.8795	0.9466	0.9697	0.9862	0.9995	1.0000

因子分析的目的不仅是为了求出公因子，更主要的是知道每个公因子的实际意义。而初始的因子载荷矩阵并不能满足"简单结构准则"，即各个公

因子的典型代表标量不很突出。为此，必须对因子载荷矩阵实行旋转变换，使得各因子载荷的平方按列向 0 和 1 两极转化，达到其结构简化的目的。

表 11 – 3　正交旋转因子载荷矩阵

变量	FACTOR1	FACTOR2	FACTOR3	FACTOR4
X1	0.019 76	0.033 18	0.507 38	0.831 12
X2	0.062 37	– 0.118 65	0.026 61	0.941 62
X3	– 0.117 69	– 0.077 77	0.428 79	0.865 30
X4	0.605 89	– 0.231 92	– 0.025 37	– 0.686 42
X5	– 0.049 34	0.947 41	0.074 17	– 0.062 69
X6	0.773 48	– 0.286 03	– 0.061 83	– 0.017 92
X7	– 0.825 98	– 0.282 09	0.174 69	– 0.011 10
X8	– 0.117 18	0.078 03	0.939 98	0.097 14
X9	– 0.139 30	0.017 84	0.854 44	0.497 65

表 11 – 4　回归法得到的因子得分系数表

变量	FACTOR1	FACTOR2	FACTOR3	FACTOR4
X1	0.115 79	0.251 70	0.044 09	0.124 84
X2	– 0.220 29	0.426 35	– 0.055 75	0.097 00
X3	0.046 85	0.273 40	– 0.062 87	0.019 40
X4	0.240 23	– 0.279 68	– 0.182 49	0.319 71
X5	0.007 52	– 0.005 42	0.840 04	0.062 68
X6	0.057 77	0.047 82	– 0.179 94	0.046 5 76
X7	0.051 76	– 0.122 97	– 0.343 90	– 0.545 28
X8	0.582 57	– 0.209 94	0.010 56	0.033 11
X9	0.444 14	– 0.048 21	– 0.025 56	0.025 92

回归法得到的因子得分系数表，可以写出 4 个因子得分的函数：

FACTOR1 = – 0.044 09 X1 – 0.055 75 X2 – 0.062 87 X3 – 0.182 49 X4 + 0.840 04X5 – 0.179 94X6 – 0.343 90X7 + 0.010 56X8 – 0.025 56X9

FACTOR2 = 0.251 70 X1 + 0.426 35 X2 + 0.273 40 X3 – 0.279 68 X4 – 0.005 42X5 = 0.047 82X6 – 0.122 97X7 – 0.209 94X8 – 0.048 21X9

FACTOR3 = 0.124 84 X1 + 0.097 00 X2 + 0.019 49 X3 + 0.319 71 X4 + 0.062 68X5 + 0.465 76X6 – 0.545 28X7 + 0.033 11X8 + 0.025 92X9

FACTOR4 = 0.115 79 X1 – 0.220 29 X2 + 0.046 85 X3 + 0.240 23 X4 + 0.007 52X5 + 0.057 77X6 + 0.051 76X7 + 0.582 57X8 + 0.444 14X9

把每个市县的观测值代入得分函数，便得到各个样本的因子得分，详见表 11-5。由因子得分可以看出，海南省的 18 个市县社会经济发展水平存在着明显的差异。

表 11-5 各市县的因子得分表 （m=4）

市县	FACTOR1	FACTOR2	FACTOR3	FACTOR4	合计
HK	3. 351 13	1. 831 30	0. 674 32	-0. 376 85	5. 479 9
SY	0. 309 99	0. 206 32	-1. 652 47	-1. 092 10	-2. 228 26
QH	0. 284 39	-0. 113 06	-0. 286 12	0. 072 27	-0. 042 52
WN	-0. 324 60	0. 589 29	0. 012 83	0. 957 41	1. 234 93
DA	-0. 592 50	-0. 351 00	0. 295 87	-0. 594 23	-1. 241 86
TC	-0. 198 88	-0. 665 99	1. 305 24	-0. 204 28	0. 236 09
WZS	1. 621 87	-2. 192 79	0. 223 56	-0. 458 46	-0. 805 82
LS	-0. 861 62	-0. 274 12	-0. 240 18	-0. 325 83	-1. 821 2
CM	-0. 025 53	-0. 446 65	-0. 588 89	1. 418 47	0. 357 67
WC	-0. 182 52	0. 370 80	-0. 417 11	0. 584 71	0. 355 88
LG	-0. 542 35	-0. 014 59	0. 643 03	-0. 572 24	-0. 486 15
DZ	-0. 888 11	2. 280 44	0. 031 67	0. 135 00	1. 559

（续表）

市县	FACTOR1	FACTOR2	FACTOR3	FACTOR4	合计
LD	-0. 223 14	0. 105 64	-2. 704 12	-1. 125 81	-3. 947 43
BS	-0. 771 32	-0. 191 60	0. 900 25	-0. 447 40	-0. 388 5
CJ	0. 309 11	-0. 830 34	0. 210 22	2. 524 97	2. 213 96
BT	0. 155 94	-1. 232 81	-0. 139 81	-0. 445 28	-1. 664 08
DF	-0. 809 22	0. 604 17	1. 867 56	-1. 200 02	0. 462 49
QZ	-0. 296 31	-0. 376 45	0. 260 00	-0. 471 69	-0. 884 45

第五步，利用 SAS 程序对海南省各市县进行聚类分析（对所研究的对象进行分类）。海南省各市县按因子得分状况划分为四类，详见表 11-6。

表 11-6 海南省各市县经济发展状况分类表

类别	第一类	第二类	第三类	第四类
该类所包含地区	HK	SY DF	WZS WC QH WN CM CJ	DA TC LG DZ LD QZ BT LS BS

对各市县的因子分析进行聚类分析结果表明，海南省各市县的经济发展大致可以分为 4 种类型。第一种类型是整体社会经济发展状况良好。第二种类型是市县的社会福利状况都比较好。第三种类型是市县的工业发展状况比较好。第四种类型是市县的内贸发展状况比较好。这 4 种类型反映了海南省各市县经济发展的 4 个不同发展特性，信息有效性达到 87% 以上。实践证明了分析结果的合理性。如因子分析结论认为：HK 市的经济发展的综合实力较强。DZ 市的社会福利状况相对比较好；LD 县的内贸发展状况比较好；CJ 县工业发展情况比较好。这些分析与实际情况是吻合的。

11.2.2　海南各市县经济层次分析

利用 SAS6.12 软件，分别计算出各市县的投资与劳动力对于经济增长平均贡献率，见表 11 - 7。其中的 Ek—投资对于经济增长的平均贡献率；El—劳动力对于经济增长的平均贡献率；M—GDP 的平均增长率。

表 11 - 7　海南省各市县各要素对经济增长的贡献率表

市县	M	Ek	El
HK	0.061 4	0.217 0	0.115 2
SY	0.060 1	7.725 5	2.196 4
WC	0.046 0	2.432 3	- 0.297 9
WZS	0.044 5	4.293 9	- 5.123 1
QH	0.052 6	0.972 3	0.470 3
WN	0.050 9	0.931 0	0.974 3
DA	0.005 2	5.967 9	- 2.159 8
CM	0.067 6	- 0.342 8	1.142 8
LS	0.033 9	- 1.812 2	1.397 0
BT	- 0.015 2	1.361 6	1.760 7
TC	0.022 8	0.825 3	0.515 1
QZ	- 0.022 4	0.259 4	- 0.042 2
LG	0.047 4	6.111 1	1.434 1
DZ	0.049 3	1.611 5	0.736 8
LD	0.051 3	- 0.012 1	1.309 8
DF	0.017 9	0.304 8	3.137 0

根据表 11-7，每个市县的经济投入要素对于各市县的经济增长的贡献率各有不同。各要素对于经济增长的贡献率很明显地呈现出不同的水平值。根据不同的贡献率，划分出各市县的经济层次，见表 11-8。

表 11-8　各市县经济层次划分表

经济层次	El > Ek	El < Ek
市县	WN CM DF LD BT LS	HK SY WZS WC QH DA TC LG DZ QZ

计算结果认为，海南省各市县的经济发展状况是有层次的，相同量要素在不同市县的投入带来的产出是不同的。经济发展的层次性是自然环境、经济实力、劳动者、科技、管理水平等多因素长期博弈的结果。是自然环境与劳动者生活目标和生产条件相互作用的结果，认识经济发展层次的目的在于探索分层次发展的道路。

11.3　热区农业分层次发展模型

11.3.1　传统热区农业增长模型

传统热区农业经济增长理论主要研究热区农业经济增长总量与各生产要素的相互作用的关系。热区农业经济增长与各生产要素的函数关系模型为：

$y(t) = f[x1(t), x2(t) \cdots\cdots, xn(t)]$

其中：

$y(t)$ 表示传统经济发展理论中的热区农业在某一时期内的经济增长水平；

$xi(t)(i=1, 2\cdots\cdots, n)$ ——表示在某一时期内促进经济增长的各种投入要素。如自然资源、资金、劳动力（数量、人力资本）、科技、制度、管理等。其中，t 表示时间，说明不同时期各要素对增长的影响是不同的。

11.3.2　分层次增长理论模型

热区农业分层次发展的理论框架模型，是从总量研究转移到热区农业发展的结构分析上，是对传统的热区农业经济增长模型的一次补充修正与发展。从数理和逻辑出发，热区农业分层次发展的总体增长水平与各行业的发展关系表达式如下：

$y(t) = y1(t) + y2(t) + \cdots\cdots + yn(t)$

y（t）——表示热区农业在某一时期内经济增长的水平；

yi（t）（i＝1，2……，n）——表示该产业内部某个生产行业在某一时期内的经济增长水平。其中，t表示时间位置。

热区农业各生产行业，如甘蔗行业、水果行业、橡胶行业、剑麻行业、海淡养殖业、畜牧业等，各具体行业经济增长模式可表示如下：

y1（t）＝f1（x1（t），x2（t）……，xn（t））

y2（t）＝f2（x1（t），x2（t）……，xn（t））

………………………………

yn（t）＝fn（x1（t），x2（t）……，xn（t））

那么：

y（t）＝Σyi＝Σfi（xi（t），x2（t）……，xn（t））

各行业要素 xi（t）对热区农业的总体发展水平 yi（t）（i＝1，2……，n）的影响是不同的，存在一定的层次差异，而且生产要素相互间是一种合作的竞争关系。

从经济增长的均衡系统及其自然的约束条件研究，从求和的数学逻辑思路分析，要使热区农业的经济增长水平最大化，必须是 yi（t）（i＝1，2……，n）达到最大化。其表达式如下：

max y（t）＝Σmax yi（t）

但从生产实际及各因素的影响来看，各行业 yi（t）（i＝1，2……，n）存在不同的发展水平。因此必须分层次地协调指导各行业间的发展，以确保产业 y（t）在约束条件下的最大化。这样，有必要调控各产业要素 xi（t）（i＝1，2……，n）对 yi（t）（i＝1，2……，n）的作用，使 yi（t）（i＝1，2……，n）最大化。

热区农业分层次发展表现为热区农业内部各个行业的发展速度不可能在时间和空间上表现出完全的同步性，客观上存在不同的层次。如各种作物的发展、不同地区的农业发展、不同生产力的农业发展，在同一时期横截面上是不可能同步的。不能同步发展的最终结果表现为农业发展的层次。这就是热区农业分层次发展的框架模型的思路。

11.4　农业分层次发展的数理证明

根据不同经济体的发展层次，调整与其层次相应的"政策变量"，分层次推进经济增长，能实现经济总量的更多增长。傅国华（2003）研究认为，经济体的层次性是影响经济总量的另一个因素。因此，对农业分层次发展理论假设模型的数学证明，认为按农业分层次发展理论指导下的农业的最终理论产出会大于不分层次指导下的农业"一刀切"发展的产出量，得出农业分层次发展理论价值，从而要求重视和执行农业的分层次发展政策。

11.4.1　论证逻辑思路

提出热区农业分层次发展假设的目的是为了纠正当前农业发展中不重视农业发展层次差别的生产、经营行为，纠正当前指导农业生产的一些政策不能分层次指导各地农业发展的缺陷，建议论证并建立相应的理论分析框架，指导国家农业政策的制定与实施，使理论与政策更加切合不同层次的农业发展需要。

根据这个目的，分析当前中国热区农业发展中存在的一些问题，提出了热区农业分层次发展理论框架。

农业分层次发展的基本指导思想：符合某个层次的农业发展水平，选择与其相适应的农业发展模式。"该产业化经营的就产业化经营，不够条件产业化经营的热区农业就在自身的层次上寻找最佳的发展速度与模式"。"该建立家庭农场的建立家庭农场，应该按生产队组织的就按生产队组织"，不要人为地、不切实际地推动农业朝向不符合自身发展层次的方向发展，结果会事与愿违。

根据分层次发展指导思想，正确认识热区农业发展的层次性，研究不同的发展层次需要的不同的支持。所以，在热区农业发展需要反映不同发展层次特性的农业政策。在市场经济条件下，热区农业政策的制订，需要对不同的发展层次提出相应不同的发展政策，给予不同发展倾向的政策性扶持。总之，分层次发展要求热区农业发展政策的制定要更加具体化，更加有针对性，更加有效力。

不同层次的农业发作理论与"一刀切"农业政策在生产实践中的作用与效果的逻辑分析，假设例证，如表 11-9。

表 11-9　理论、政策、体制指导价指的逻辑分析假设表

过去理论工具	农业层次	理论指导效率	指导作用预测	建立分层次理论	指导效率转变	促进农业增长
理论	低层次	差	低效	低层次	好	增效
政策	中层次	好	高效	中层次	好	保持
体制	高层次	差	低效	高层次	好	增效

11.4.2　模型与假设

根据假设模型，y（t）=y1（t）+y2（t）+……+yn（t）

y（t）——表示某一时期内热区农业经济增长的水平；

yi（t）（i=1，2……，n）——表示该产业内部某个生产行业在某一时期内的经济增长水平。其中，t 表示时间位置。

（1）传统热区农业增长理论逻辑模型

不分层次的农业政策与理论指导下的农业发展总体水平为

y0（t）=f（x01（t），x02（t）……，x0n（t））

为了论证方便，假设在不分层次的前提下，影响农业发展的主要因素仅为一个变量，称为 x0，即这个变量影响了所有农业的生产水平。如我们可以假设：x0 为产业化经营的体制创新。但是，现实中这个影响变量应该是多变量，为了简便起见，本章论证只选择了单变量进行证明。同理，多变量影响证明的逻辑与思路，与单变量的证明是一样的。

（2）热区农业分层次增长逻辑模型

假设在分层次的前提下，各个层次农业发展的影响变量是不同的，分别是：x1，x2……，xn。根据因素分析法的思路，在其他变量不变的情况下，在各个对应的层次，这些要素的投入与改良，必然更有效地促进热区农业的发展。

在农业政策与理论分层次指导农业发展的前提下，农业发展水平为：

y1（t）=f（x1（t），x2（t）……，xn（t））

xi（t）（i=1，2……，n）——表示在某一时期内促进经济增长的各种投入要素。如自然资源、资金、劳动力（数量、人力资本）、科技、制度、管理等。其中，t 表示时间，说明不同时期各要素对增长的影响是不同的。

假设热区农业发展的总水平的量或值最终可化为同一单位，如为人民币元。因此，不同政策下农业发展的最终理论产出是可以比较的。

11.4.3　数理推论

根据 y（t）=y1（t）+y2（t）+….+yn（t）假设模型，并根据不同的热区农业发展行业或不同地区层次分析这个模型如下：

①不分层次前提下的农业增长模型：

y1（t）=f1（x01）+e

y2（t）＝f2（x01）＋e

………………·

yn（t）＝fn（x01）＋e

那么：y01（t）＝Σyi（t）＝Σfi（x0（t））＋Σei

②分层次指导下的农业增长模型：

y1（t）＝f1（x1）＋β

y2（t）＝f2（x2）＋β

………………

yn（t）＝fn（xn）＋β

那么：y1（t）＝Σyi（t）＝Σfi（x1（t），x2（t）……，xn（t））＋Σβ

各行业要素 xi（t）对热区农业的总体发展水平 yi（t）（i＝1，2……，n）的影响是不相同的，存在一定的层次差异，而且生产要素相互间是一种合作的竞争关系。

③比较两种不同的农业发展的理论与政策指导下，农业生产的最终理论产出效果。

比较过程如下：

Δy＝y1（t）－y0（t）＝Σyi1（t）－Σyi0（t）

　＝Σfi（x0，x1，x2……，xn）－Σfi（x0）＋Σ（Σβi－Σei）

（假设在同一时间内，所以，省去时间影响变量 t）

分解此方程：同时，令：C＝（Σβi－Σei）

Δy＝Σfi（x0，x1，x2，……，xn）－Σfi（x0）＋Σ（Σβi－Σei）

　＝［f1（x0）－f1（x0）］＋［f2（x1）－f2（x0）］＋……＋［fn（xn－1）－fn（x0）］＋C

　＝0＋［f2（x1）－f2（x0）］＋……＋［fn（xn－1）－fn（x0）］＋C

根据因素分析法，假设其他影响因素的功能不变的前提下，那么上述方程中的 C 可以被认为趋近于 0，即：

C＝（Σβi－Σei）＝0

简化方程可得：

Δy＝［f2（x1）－f2（x0）］＋……＋［fn（xn－1）－fn（x0）］

面对 f2 农业生产层次，根据分层次发展的指导思想，x1 是影响此行业发展的最重要因素，或者说 x1 对 f2 产业的增长的边际贡献率较大。同理：xn^{-1}对 fn 产业的边际贡献率较大。

　　但是，如果不重视农业发展的层次性，认为 x0 是影响此行业发展的主要因素，而且，不管任何 fn 行业都认为 x0 是影响各个层次农业发展的主要因素。显然，因为对农业发展影响主因素的判断不明确、不准确，且采用了"一刀切"的思路，结果是 x0 对各个层次的农业增长的边际贡献率较小，甚至是副作用。

　　根据因素分析法的研究思路，假设在各个农业行业生产规模不变的前提下，各个层次的农业产出：yn（t）= fn（xn）+ β；可以作出如下判断：

　　y1（t）= f1（x1）+ β > y1（t）= f1（x0）

　　yn（t）= fn1（xn − 1）+ β > yn（t）= fn（x0）+ β

　　简化方程式：

　　f1（x1）− f1（x0）> 0

　　fn1（xn − 1）− fn（x0）> 0

　　将不等式代入方程，求解农业按分层次指导其发展于不分层次指导其发展的总体产出的差异性，结果如下：

　　Δy =［f2（x1）− f2（x0）］+ …… +［fn（xn − 1）− fn（x0）］> 0

　　当 Δy > 0 时，说明分层次指导农业发展的最终理论产出会大于不分层次的农业发展的最终理论产出量。所以，需要研究并建立农业分层次发展的理论框架，指导政策修订，促进农业经济发展。

　　人们从事生产，总是期望能以较小的投入取得较大的产出。但从生产实际及各因素的影响来看，各行业 yi（t）（i = 1，2……，n）存在不同的发展水平。因此，必须分层次地协调与指导各行业的发展，以确保产量 y（t）在约束条件下的最大化。这样，有必要调控各行业要素 xi（t）（i = 1，2……，n）对 yi（t）（i = 1，2……，n）的作用，使 yi（t）（i = 1，2……，n）最大化。

　　在农业分层次发展的理论指导下，应用现有的农业发展理论成果，关注各种要素对农业发展的影响，同时，根据各个农业发展的不同层次，选择好影响农业发展的主要因素，进行因素投入与改良，并通过政策导向加以影响和保障，改善过去"一刀切"农业发展政策的不足之处，促进农业与农村经济发展。

11.5　热带农业及其产业化分层次发展的 SWOT 分析

　　SWOT 分析法就是将与研究对象紧密相关的各种主要内部优势因素

（Strengths）、弱点因素（Weaknesses）、外部机会因素（Opportunities）和威胁因素（Threats），通过调查罗列出来，并依照矩阵形式排列，然后运用系统分析的思想把各种因素相互匹配起来加以分析，从中得到一系列相应的结论（如对策等）。运用这个方法，有利于对研究对象所处情景进行正面、系统、准确的研究，有助于制定发展战略和计划以及与之相应的发展计划或策略。目前，在战略管理中得到了广泛的应用。以海南农产品运销有限公司投资种植培育的"海蓝火山香"富硒有机大米项目为例，分析热带农业产业化分层次发展SWOT，可得到以下结论。

11.5.1 优势（Strength）

（1）政策优势

热带农业及其产业化分层次发展的政策优势在于党中央和各级政府始终把粮食安全作为一项重要工作来抓，尤其是近年来，各项农业补贴措施相继实施。2008年粮食的全球性危机，进一步激发了政府对粮食安全的重视。国家相继出台了《国家粮食安全中长期规划纲要（2008—2020年)》、《农业及粮食科技发展规划（2009—2020年)》、《全国新增500亿kg粮食生产能力规划（2009—2020年)》，大力度支持和发展粮食生产及配套设施建设。明确提出对符合规划要求的建设项目用地依法优先审批，各级政府安排必要的资金，以投资补助、贴息等方式对重要建设项目给予支持，并在银行信贷、税收等方面对项目给予政策性倾斜。

（2）市场优势

从市场角度看，我国的优质大米还处于上升的趋势，市场发展空间广阔。公司生产的产品绿色、无公害。符合市场需求。

（3）品牌优势

从品牌角度看，海南农产品运销有限公司投资种植培育的"海蓝火山香"富硒有机大米项目得到了各级领导的高度关注和支持，为企业带来了很高的声誉。

（4）技术优势

公司与中国热带农业科学院、海南大学、省水稻研究所等科研机构建立了广泛的合作关系，聘请多名知名专家担任技术顾问，为项目正常运营提供技术保障。

就热带农业产业化分层次发展的菱形路径而言，分析内、外部影响因素

（见下表）。根据 SWOT 分析，热带农业产业化根据自身实际，从传统农业状态向产业化方向发展的道路设计，但在现实中，已具备一定层次的产业化如何发展，存在许多不同的方向。关键在于判断现实发展中所处的层次位置，并根据不同的目标进行路径选择，加以改进和发展。所以，热带作物产业化经营应该分层次设计其发展道路。

11.5.2　劣势（Weakness）

①市场上有领导者、跟随者，市场空间较小，启动市场广告投入多，难度大。

②后发品牌，再定位困难。

③项目产品无实质性的质量竞争优势。

11.5.3　机会（Opportunity）

①海南省定安县是稻谷主要产区，这就为项目的原材料供应提供了有力的保障。

②公司有广泛的售后服务网络，这是开拓市场、取得竞争优势的法宝。

③公司有成熟的培育、种植、加工、储存技术，技术优势为公司提供进一步的发展机会。

④国家近期对农业发展的优惠政策。

11.5.4　威胁（Threat）

以 ABCD 为首的四大国外粮食企业进驻中国，给项目运营发展造成一定威胁。根据各方面信息的综合评估可以看出，目前，跨国公司全面掌控中国粮食加工流通领域的意图非常明显。外国粮商不仅有强大的资金优势，而且通过食用油已经建立起了全国性营销网络，并树立了一系列品牌优势。一旦我国的粮食市场被这些跨国公司掌控，国内粮食企业将失去粮食市场的话语权、支配权（表 11 - 10）。

表 11 - 10　热带农业产业化分层次发展 SWOT 分析表

外部因素	机会（O）	（1）社会主义新农村建设与两个反哺 （2）"十二五"规划的制定与实施 （3）国家建设名优特新稀热带作物产业带，政策支持加大 （4）与东盟合作进一步紧密
	威胁（T）	（1）"10 + 1"的进一步推进 （2）市场风险与自然环境风险 （3）国内其他地区农业的竞争 （4）交通运输的制约
内部因素	优势（S）	（1）一些有实力的公司介入，出现了经营大户及具有龙头企业雏形的企业和生产基地 （2）农民有种植传统，掌握了一定的种植和加工技术，积极性高 （3）热作资源稀缺，产品商品率高 （4）科研推广技术力量基础较好
	劣势（W）	（1）加工水平低，加工技术难题有待攻克 （2）以农户生产经营为主，应对自然灾害能力弱，组织化程度低，带动能力强的企业少 （3）经营规模偏小，产业链短 （4）生产要素的市场化与农业基础设施滞后 （5）产品研发能力低，新品种少

各个路径而言，同时，存在良好的发展机会和面临外来竞争及市场风险等威胁，存在共同点，也有区别。热作种质资源优势，产品商品率高、生产要素的市场化、农业基础设施滞后是它们共同的特点，而在组织化程度和加工技术水平上有着质的差异。

对于不同热带作物而言，也有产业化差异，但整体而言，部分作物的组织化程度和加工技术水平有了较大提高。椰子产业的产业化基础最好，产业链长，内容充实，初步形成了种植、产品初加工、深加工、市场营销和科研开发等比较完善的产业体系，培育出椰树集团等一批带动能力强的龙头企业，并创建出了一些在国内外都享有盛誉的名牌产品。

11.6　热带农业分层次发展的菱形路径

把加工水平与组织程度进行不同组合，会构建不同的发展模式。对这些模式进行分析，我们可以分出其不同的发展层次。从产品加工技术特性（鲜活产品、粗加工产品、精加工产品）所对应的技术水平和农业生产者的组织程度不同等级，进行农业产业化经营层次划分，得出农业产业化经营的理论分析方格图（图11－1）。

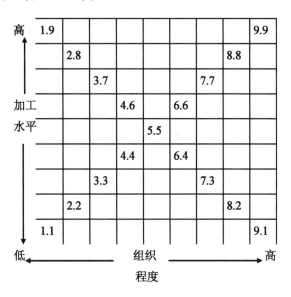

图 11－1　热区农业产业化层次方格图

　　如农业产业化经营层次的组合层次图所示：第一区间是低组织程度和低加工水平；第二区间是高组织程度和低加工水平；第三区间是低组织程度和高加工水平；第四区间是高组织程度和高加工水平；第五区间是中等组织程度和中等加工水平（图11－2）。

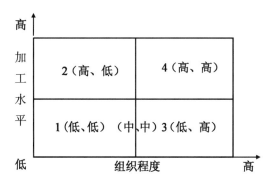

图 11－2　农业产业化发展层次方框图

　　根据分析结果，从加工水平与组织化程度的组合角度分析热区农业及其产业经营的发展层次，提出了以下的"菱形发展"路径。A—B—C 路径、

A—D—C 路径、A—C 路径；从产业化层次升级路径分析上存在：A—D 路径、D—C 路径、A—B 路径、B—C 路径。各条路径在促进产业升级的过程中，表现出不同的技术改造和组织改进形式。发展路径的菱形边的斜率均大于 0，是基于这样的一个假设：随着加工水平的提高，农户生产某一种农产品的数量会增加，农户被组织起来生产的可能性增大。所以，加工技术会因为组织化程度提高而提高。研究认为，只有农业的加工技术水平提高，同时，组织化程度提高，农业才能实现从传统农业向现代化的转变（图 11 - 3）。

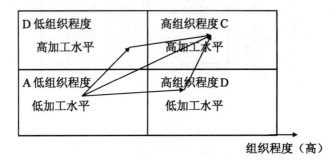

图 11 - 3　热带农业产业化"菱形发展"示意图

12　中国热区种质资源经济学研究的结论与建议

　　本书作者经过近一年的系统梳理和研究，基本形成中国热区种质资源分层次开发的理论框架，为了验证该理论，又对火山香米开发的全过程进行近一年半的跟踪研究。通过 3 年博士的理论和实践研究工作，已取得预期效果，达到了预期目的。

　　研究中国热区种质资源分层次开发问题是有一定的研究价值和现实意义的。通过上述的理论分析、实证研究、理论推断和典型案例分析，证明了中国热区种质资源分层次发展的科学性和合理性，建构"热带农业作物种质资源分层次开发模型"有一定的理论创新。

12.1　结论

　　本文应用实证研究和规范研究相结合的方法，对中国热区种质资源产业链的发展进行了系统的研究，首先从热带农业分层次理论以及农业产业化理论的角度，对中国热区种质资源产业链的现状进行系统分析，发现中国热区产业链在发展过程中存在的一些问题，并对存在问题的原因进行分析。又以海南省农产品运销有限公司为例，分析总结其野生稻产业链发展的成功经验，为中国热区产业链分层次的构建和发展提供借鉴。最后，提出进一步加强中国热区种质资源产业链管理的对策建议。

　　热带农业的生产力水平决定了其发展层次。不同层次的农业发展是区域农业发展长期多因素综合作用的结果，是经济发展中的一种自然现象，也是生产力水平的一种表现形式。以海南省为例，按生产力水平从低到高划分，热带农业发展存在多层次性，主要有原始刀耕火种式的农业生产层次，广大农村自给自足的小农生产层次，专业农户小规模生产层次，集体农场组织形式的生产层次，专业农户小规模生产层次，集体农场组织形式的生产层次，国家投资的农垦农业企业层次，由外资企业投资的农业生产加工的现代化农业生产层次。其他热带农业地区也不例外，实践分析可以清晰地发现热带农业发展的层次。又如川、滇金沙江流域南亚热带作物气候区山谷农业，明显出现不同气候层次的农业生产模式，俗称"一山分四季，十里不同天"。干热的低山河谷生产的主要是热带与亚热带水果，但是，在山顶生产的则是温带水果等。

热带农业产业化经营系统，同样存在相应不同的发展层次，各个层次的发展模式与发展方式，同样存在明显的差异。至今，对热带农业产业化经营模式多样性的理论解释，还没有形成一套自成体系的理论框架。一种成功的农业产业化经营模式是否有普遍的推广价值等问题，还缺乏理论解释。另外，多样化的产业化经营模式自身需要合理的理论解释。热带农业产业化经营模式多样化于不同层次的热带农业发展相对应，是热带农业分层次发展的一种表现形式。这些层次特性从本质上讲，是热区农业生产力发展的结果。

热带农业发展总按各自所处的层次存在并发展着，不同发展层次具备不同的发展实力和目标，表现出不同的层次特性，需要不同的发展条件。这些不同的发展层次的农业各部门，在其所处的环境条件下，会按自身所处的发展层次的发展规律不断提高产业水平和增长率，以便与其他产业经济的发展保持同步增长的过程。面对热带农业的不同发展层次，热带农业产业化经营模式要从当地农业发展的实际出发，由广大农民、企业按预定的目标，按当地农业发展层次组织实施，不能"一刀切"，套用某种不切实际的模式，要分层次推进热带农业产业化进程。

科技进步是在时间坐标内，纵向不断积累而成的。科技进步存在传统、现代的不同层次与水平。科技进步带动的技术革新、工具发明与创新、生产设备更新也表现出不同的时代特征，具有层次性。因此，相应的生产力层次也必然形成。总之，科技进步作用于农业产业发展的全过程，不同水平的技术进步，决定了不同层次的热区农业及其产业化经营的发展。

本研究归纳总结出以下结论。

12.1.1　海南种质资源开发层次是客观存在的

首先，热区农业分层次发展是客观存在的，符合经济发展的自然法则。经济发展总是从低层次到高层次，按时间顺序连续进行。热带作物种质资源开发业亦不例外，在其内部各个生产部门或各个行业的发展中，明显存在差异性。从时间角度观察，这个差异性表现为发展的层次。热区农业种质资源分层次是由该地区自然环境、劳动者、科技进步等要素长期博弈的结果，是中国热区社会、经济、政治、文化长期博弈的结果；是热区农业生产力不断提高的结果，也是热区农业的自然环境与劳动者生活目标与生产条件相互作用的结果。

通过对加工水平与组织程度的组合，测算各种组合对热区农业发展的效益贡献系数，界定与划分了热区农业种质资源的发展层次：

第一层次，是低组织程度与低加工水平；

第二层次，是高组织程度与低加工水平；

第三层次，是低组织程度与高加工水平；

第四层次，是高组织程度与高加工水平；

第五层次，是中等组织程度与中等加工水平。

12.1.2   海南种质资源分层次开发是符合科学发展观的

海南省种质资源分层次开发，是遵照科学发展观，从种质资源开发的实际出发，按各地区的实际情况，分析影响其发展的主要因素，形成相应政策，促进各层次的种质资源均优化发展。热区农业种质资源分层次开发分析框架，可以作为传统农业发展理论的补充，从海南省农业发展的研究领域继续完善和发展。

影响海南省种质资源不平衡发展的原因很多，主要由热区农业产业特点决定。土地作为农业生产的基本要素，在热区农业生产用地却是以分散分布的形式存在。而不同地域的自然条件、人文环境、经济发展实力等存在明显的差异性，这种差异性反映了热带地区农业发展存在不同的发展层次和水平。另外，即使是同一区域的同种种质资源也由于种种原因表现出发展不同的水平和层次。所以，研究海南种质资源分层次开发理论，除了要研究热区农业的整体发展之外，也要对复杂、多层次的发展问题进行研究，探讨海南省种质资源分层次开发的内在机制。

12.1.3   中国热区种质资源分层次开发是有充分依据的

①野生稻种质资源是一个综合概念。野生稻种质资源产业链包括优质稻品种选育、优质稻生产、优质稻谷供应、野生稻加工、野生稻贮运、野生稻销售、消费等功能环节，并对应不同的功能主体，各功能主体之间通过信息流、物流以及资金流相互联系、相互竞争。

②野生稻的质量形成是一个系统工程，既要抓好优质稻品种的培育和推广等产前工作，又要搞好生产技术指导等产中工作，同时，更要做好收购加工转化、市场推广等产后工作，各项工作必须环环相扣。

我国加入 WTO 后，价格优势在国际市场上受到了安全标准的挑战，要使更多的稻米产品打入国际市场，必须按国际标准组织生产。同时，要积极制定有利于本国的国际标准。只有这样，才能不断提高我国稻米产品的质量，增强国际竞争力，满足人们对稻米产品绿色、无公害、有机化、安全化日益增长的需求，推动我国稻米产业的发展。

③稻米在世界谷物生产与消费中占有重要地位。由于其生产主要集中在亚洲，且亚洲人对稻米具有高度依赖性，使得世界大米贸易市场狭小，并具有垄断性和不稳定性等特点，使世界稻谷贸易竞争日益激烈。

中国稻米产量居世界首位，占 29%左右，而贸易仅占 4%左右。日本和韩国市场的开放以及美国、欧盟削减对大米生产和出口的扶持，有利于中国扩大稻米的出口，但仍面临来自泰国、越南与美国的竞争压力。

④海南省是我国野生稻原产地，也是稻米的主要消费地区。海南省稻谷生产具有较强的区域比较优势，这一优势主要源于中国热区种质资源的优势；海南省稻谷成本竞争力弱，与全国平均水平相比，海南省早稻、晚稻生产总成本较高，而净利润较低；经过 10 年的野生稻产业化开发和产业链的发展，海南省无公害大米、绿色大米和有机大米发展很快，已打造了以"海蓝香"、"火山香"等优质食用大米品牌，有较强的质量竞争力和品牌竞争力。总之，海南省野生稻生产具有较大的潜力。

⑤对海南省野生稻加工产业链中信息链、组织链、价值链、物流链管理及食品安全链进行了实证分析。

⑥人们对野生稻的选择性普遍增强。选择内容由过去以价格选择为主的单项选择转为多项选择，包括野生稻的安全、营养、质量、品种、外观、风味、价格、包装、产地以及服务等发展，野生稻的需求在海南省呈增加趋势。在目前稻米市场供过于求的情况下，消费者的收入水平和自身的偏好将成为决定性因素，这就要求政府确保野生稻的高价与优质对等，促使野生稻产业链持续发展。

12.1.4　中国热区种质资源开发的配套政策具有分层次的客观性

"一靠政策、二靠投入、三靠科技"是中国农业发展的经验总结和共识，说明政策对农业发展的影响作用是非常重要的。事实证明了这个观点。发现热区农业分层次是制定分层次发展政策的基础。所谓分层次发展政策是指热区农业政策只有与热区农业发展层次相适应时，政策指导作用才能较好的发挥，促进热区农业发展的功能才能更加明显地表现出来。我国制定和实施了一系列农业政策，内容涉及生产、流通、农业投入、副食品供应、区域发展、宏观调控等方面。农业政策总体而言是正确的。但是"一刀切"的现象还是比较普遍。

在制定海南野生稻种质资源开发政策时，必须从实际出发，准确界定海南野生稻种质资源开发层次和其产业化经营发展层次。要重视局部与整体的关系，要通过科学管理、制度约束、法律保障等职能，保证各层次开发政策互相促进，共同提高，充分发挥不同层次经济体的最佳功能。不同的农业发展层次，其主要影响因素是不同的。第一，要科学分析，合理界定海南野生稻种质资源及其产业化经营的发展层次；第二，要研究各层次发展的效果及其变化趋势；第三，按不同的热带及其产业化经营发展层次，制定开发政策；第四，提出分层次发展的预期目标和相应的措施，促进各个层次的中国热区种质资源及其产业化经营均能以适宜的速度持续发展，实现多层次的全方位发展。

分层次的农业开发需要相应政策的支持，过去的农业政策往往代表了农业发展的"总体水平"，不能完全符合不同层次的农业发展需要。必须从根本上转变观念，全面促进各个层次的热区农业产业升级，促进传统农业向产业化、现代化方向转变，完成传统农业的现代化改造。研究中国热区种质资源分层次开发是一项基础性工作，通过分层次的政策指导，能更有效地促进农业的发展。农业发展理论和政策只有与系统环境和层次协调时，农业发展的各个生产要素的综合利用才能实现"帕累托最优"。

总之，热区作物种质资源及其产业化经营分层次发展，需要相应层次的农业政策的支持，不同层次的作物在开发过程中需要支持的重点不同。制定区位层次上的中国热区种质资源农业政策。海南应根据不同的经济类型、不同地区的资源状况、作物生长特性、区域经济发展、农户组织化程度、农产品加工技术等因素，实行分层次指导、梯度推进的发展思路。农业政策要体现分层次的支持功能，促进各层次的全面发展。

12.2 海南种质资源分层次开发的建议

12.2.1 建立一个层次分明的海南种质资源开发经营系统

通过分析中国热区种质资源的开发现状，分析不同层次的主要影响因素，研究热区农业发展的层次性，确立"分层次推进、各层次均优增长，优先发展有竞争力层次的海南岛作物种质资源"的战略思想。层次划分及其政策制定要适应各地区经济实际而定。

从种质资源的差异性出发，根据各层次经济体的客观需要，优先选择各个层次影响经济增长的主要因素，加以政策控制与管理。稻米是人们最基本的消费需求，它关系到千家万户特别是贫困家庭的生计。水稻生产和稻米加工企业的利润很低，需要政府在野生稻贸易政策、国内支持等方面，加大扶持力度，通过优化配置其资源与投入要素的组合，实现各个层次的经济均能最大化生产和更快增长。对于不同层次的热区种质资源，要根据不同层次水平进行开发利用，实现其利用效率的最大化。

从种质资源分层次发展角度出发，在指导海南农业生产经营时，既要不失时机地促进层次提高，又要避免在条件不成熟的情况下盲目超层次发展，导致不应有的资源浪费与损失。层次发展要求热区种质资源开发要按层次有规律的发展，就是建立海南种质资源的分层次体系，并在分层次的基础上，应用主流的农业发展理论研究成果，促进各个层次的农业均能得到较好的发展，影响农业政策的制定与实施。

12.2.2 充分用足现有政策，抓紧制定种质资源分层次开发新政策

(1) 充分用足现有政策

种质资源产品生产周期较长，对市场价格的反应具有滞后性，仅凭市场机制自行调节难以使野生稻产品供给及时追随市场价格的变化，造成野生稻产品短缺和过剩的效应放大，从而产生蛛网效应。同时，产品某些基础设施具有公共物品性。

鉴于种质资源产业的这些基本特征，发达国家普遍通过政府转移支付支持农业产业。根据世贸组织《农业协议》的规则，农业国内政策分为两类，即"绿箱"政策和"黄箱"政策。在海南省用好"绿箱"政策，用足"黄箱"政策都有积极意义。

①用好"绿箱"政策。"绿箱"政策主要包括政府一般服务、用于粮食安全目的的公共储备补贴、国内粮食援助补贴、与生产不挂钩的收入补贴、收入保险计划补贴、自然灾害救济补贴、通过生产者退休计划提供的结构调整补贴、通过农业资源停用计划提供的结构调整补贴等11类项目。

从目前采取的绿箱政策来看，海南省存在着明显投入不足的事实，没有充分运用绿箱政策以提高本地农业的综合竞争力。今后，政府应将野生稻产业支持政策更多地纳入WTO《农业协议》绿箱政策的范围内，强化对国内

野生稻产业的支持，调整现有的农业支持体系，加大野生稻的科研、病虫害控制、技术推广、基础设施建设、环境保护、从业人员培训等的扶持力度，大力推行优质稻保险等。

②用足"黄箱"政策。"黄箱政策"主要包括价格支持、营销贷款、面积补贴以及种子、肥料、灌溉等投入补贴。根据 WTO 规则，中国"黄箱"政策的微量允许水平为 8.5%，然而，目前，中国"黄箱"支持水平极其低下，一些特定农产品甚至为负数。

世界上不少国家和地区都在运用各种手段用足黄箱政策，以保护本国利益。美国每年拿出 190 多亿美元支持农业，日本拿出 200 亿美元支持农业。而我国仅 60 亿美元，还不到农业总产值的 2%，按目前农业产值和补贴水平测算，大约还应有 1 500 亿元的补贴空间。

海南省应在种质资源开发产业链上用足黄箱政策：

一方面，制定向种质资源开发产业链组织倾斜的相关信贷。农民、种质资源开发企业和关联企业贷款难的问题一直是困扰海南农业产业链发展的一个核心问题。国家已经出台了扶持农业龙头企业的政策，但对龙头企业扶持的力度还应大些。对加工销售企业落实税收等优惠政策，在农发行设立优质稻收贮专项贷款并封闭运行等信贷资金政策给予扶持。

另一方面，增加对农业投入品种尤其是种子的补贴。为了鼓励农民种植优质品种，建议从直补资金中切出一块来，在示范区对农户种植优质品种实行"良种推广补贴"制度，增大对优质品种引进、试验、示范的财政扶持力度，增加对优质农产品基地基础设施建设的投入。

（2）抓紧制定种质资源分层次开发新政策

种质资源分层次开发政策要与种质资源开发层次相适宜，要因地制宜，切合开发层次的实际，不宜"一刀切"。

制定适应各个层次发展的农业政策，必须要做好政策研究工作：

第一，要科学分析、合理界定海南种质资源及其产业化经营的发展层次；

第二，要研究各层次农业发展的主要影响因素，提出影响的内在机制和各因素影响农业发展的效果及变化趋势；

第三，按不同种质资源及其产业化经营发展的层次，制定热区农业政策，体现出不同发展层次有相应区别的政策支持；

第四，提出分层次发展的预期目标和相应的措施，促进各个层次的种质资源开发及其产业化经营均能以适宜的速度持续的发展，实现多层次热区种质资源的全方位发展。

12.2.3　提高农业"产—加—销"层次，创建相应的营销层次体制

通过种植、加工、组织化程度的提高以及优化组合，能不断提高热带种质资源开发经营的发展层次，推进热区农业产业化不断升级，向更高层次发展。

高标准的优质野生稻生产基地，是企业提供高质量原料的重要保证。近年来，海南省优质稻生产基地建设有很大的发展，但大面积、成规模、集中连片的生产基地仍然偏少，企业普遍反映高档优质稻供不应求。各级农业部门应按照"区域化布局、基地化生产、规模化开发"的基本原则，围绕龙头企业抓好优质稻生产基地建设，并做好各项服务工作。

科学栽培，良种良法综合配套，做到单收、单晒、单储，确保优种出优谷。粮食加工龙头企业要主动参与优质稻生产，把生产基地作为"第一车间"，本着生产为先、让利于民的原则，充分调动农民种植优质稻的生产积极性。企业与优质稻生产基地是唇齿相依的有机整体，有企业没有基地是"巧妇难为无米之炊"，建立优质稻基地是发展和完善野生稻产业链的关键一环。

产业链要靠企业支撑，靠龙头企业带动，野生稻种质资源开发企业一头联结市场，一头联结基地和农户，在引导组织农民生产、开拓市场、加工增值以及提高种稻效益、促进农民增收等方面具有不可替代的作用，直接决定着稻米产业链的发展水平，是产业链的"龙头"。

龙头企业向前延伸，就可把农户组织起来，形成规模化、标准化生产基地；向后延伸，建立市场营销网络，把一二三产业打通，把构成农业产业链的各个要素和各个环节整合在一起，推进产加销一体化经营，逐步把小规模集合成大产业，把小生产连接到大市场，化解千家万户的农户和千变万化的市场之间的矛盾。

因此，海南应扶持野生稻种质资源开发企业，发展和延长野生稻产业链。培育一批农工贸一体化、资本结构多元化、具有名牌产品的市场优势和已形成技术创新体系的具有国际竞争力的大型企业，提高企业技术创新能力、产品开发能力和开拓市场能力，产—加—销一体化经营是农业产业化的核心内容。

12.2.4　加强对海南种质资源分层次开发的科学理论研究

科学理论是生产实践的正确指导，尽管种种原因，关于海南种质资源分

层次开发的理论研究较少，但热区农业发展却显示了较高的比较效益，发展速度比全国平均水平高。所以，有必要要加强热区种质资源分层次开发的研究，重视热区种质资源分层次发展，尤其是重视农业产业化理论和热区农业生产实践结合等问题，提出分层次、有效率的发展对策，使热区农业发展政策的制定更加具体化，更加有针对性，更加有效力。

12.2.5 提高海南省种质资源分层次开发的科技水平

（1）更新和优化优质种质资源

好稻出好米，好米创名牌，已成为 21 世纪发展野生稻产业链的共识。问题是高档优质稻产量偏低，抗性不强，生产技术、收储要求也比较严格，海南农民不易接受。对此：

①加强特异种质资源的保护，做好良种繁育及种子检测，注重优质资源的研究和开发，为新的育种提供技术支撑。进一步提高中档优质稻品种的产量潜力，特别是优质杂交稻新组合的选育，进一步提高中档优质稻的产量水平和抗性，增强其适应能力。

②必须组织良种选育科研攻关。科研攻关要瞄准"高产、优质、广适"的育种目标，既要攻优质，又要攻高产。一个品种只有实现高产与优质的有机结合，才有生机，才有竞争力。

③从省外国外引进优质野生稻种质资源品种。部门之间要协调配合，粮食部门做好市场调查，龙头企业办好基地，农业部门引种试验和推广，种子部门要提高种子供应，财政部门要给予财力支持。建议省政府在全省良种补贴中拿出一部分资金用于品种的引进和改良，使良种补贴真正起到提升粮食品质的作用。

④企业也要加强优质稻品种的高产、稳产、保优栽培研究，加强品种优质种性与市场需求衔接，做到定品种、定产量、定市场。

（2）运用优质栽培关键技术

实践证明，优质良种一定要有相应配套的标准化优质栽培技术，才能发挥良种良法的增产潜力，并取得良好的经济效益。优质栽培是以选用符合当地生态条件和市场需求的优质良种为对象，利用环境效应、优化气候资源配置，采取科学用肥、用水、用药等手段，重视质量栽培，发挥优质高产技术优势，充分发挥生产潜力及品质特长，因地因种建立与完善具有产地特色的高质量、高产量、低成本、无公害优质栽培技术体系。

　　优质栽培的重点是生产中的整套耕、秧、密、水、肥、药等促进与控制相结合的技术和有害生物的防治技术，确保稻苗能长得好，发得起、稳得住，站得牢，灌得满，实现苗、株、穗、粒、重的协调发展，高度重视利用优质栽培的技术集成，在生产中促进优质品种的外观品质，进一步减少垩白率，增加亮度，提高整精米率，从而生产出品质优、产量增、无污染的绿色有机稻米。

　　(3) 建立以大学和科研院所为主体的新型农业科技创新与服务模式

　　模式一：龙头企业对接型的战略联盟模式。这个模式的核心就是依托大学及科研院所的技术和人才优势，强化与对接龙头企业的战略联盟，实现产学研一体化，共同提升科技自主创新能力和示范带动能力。主要特点为优势互补、成果共有、效益共享。

　　模式二：特色（或主导）产业对接型的科技致富能人带动模式。这种模式的核心就是选择和培养产业基地的科技致富能人。通过科技致富能人的示范，带动科技示范户，通过科技示范户辐射带动广大农户。主要特点就是通过科技致富能人这个关键点，沟通科技成果进入特色或主导产业基地的渠道，提高科技成果的入户率和转化率，打造产业品牌，促进产业上质量、上水平、上档次。

12.2.6　确立海南省作物种质资源分层次开发框架

　　确立"结构—层次—发展"的海南省种质资源分层次开发理论框架，即研究海南种质资源的环境和结构特性——分析开发层次——选择开发路径——制定分层次开发政策——多层次种质资源持续开发。

　　第一，研究海南省种质资源环境和结构特性。主要研究国内外、省内外科研的最新进展，变化趋势对海南种质资源开发的影响，评估并确立现行环境条件所支撑的种质资源开发能力；分析种质资源的性质及其发展需要的环境条件。按环境与目标协调原则，确立不同层次的种质资源发展速度与发展质量。分析种质资源开发过程中个行业的构成及发展速度，认识发展的层次性。

　　第二，科学评价与界定种质资源发展层次。根据聚类分析方法，结合各地农业发展的实际，确立种质资源开发的层次，研究各个层次的发展现状、潜力、路径依赖，分析不同层次种质资源开发的制约瓶颈、探索创新的着眼点。

　　第三，分层次制定相应的政策，因地制宜发展。根据种质资源各个不同的发展层次，对制约其发展的主要矛盾进行剖析，研究不同层次的发展需要什么样的政策支持，结合实际研究并修订相应的农业政策。

第四，合理选择不同层次的开发路径。针对不同层次发展，设计不同的发展路径。

第五，推动多层次种质资源开发的持续。热带种质资源开发应该是各个不同层次的最优化发展，促使各层次均能高效发展。即从各地实际出发，分析种质资源开发的不同层次，按不同层次发展的内在要求，实事求是的发展。

12.2.7   完善海南作物种质资源产业链管理系统

目前，中国热区种质资源产业链各主体之间的关系大多还停留在以买卖关系为基础的低层次产销合作上，没有真正形成"风险共担，利益均沾"的经济利益共同体，没有形成整条链上各节点主体的战略合作伙伴关系。农业产业链的协作能力对产业链的组织绩效有显著影响，是决定供应链组织绩效的关键变量。野生稻产业链的各个成员在合作中应更多地从产业链的整体利益出发，不断地协调彼此的行为，才能够有效地提高产业链的合作效率。同时，由于市场环境的不断变化，产业链成员为了在顾客满意最大化与成本最小化之间寻找一个均衡点，必须提高供应链的协作能力。

（1）加强野生稻产业链组织的战略联盟

农户、专业协会、合作社、农业企业间垂直整合或形成强有力的战略联盟是产业链管理的发展趋势。战略联盟具有比企业直接重组、兼并更强的灵活性的反应力，能够适应市场运行和加快需求，因而成为当前一种新的合作方式。

企业只有通过联合行业中其他上下游企业，建立一条经济利益相连、业务关系紧密的行业产业链，方可实现优势互补及持续性竞争优势。

国外对产业链的研究表明，实施产业链管理的主要障碍来自于组织内部和贸易伙伴间的不协调，而目前的野生稻产业链管理，由于每个成员都过分地关注自身的利益得失，而少从整体角度来考虑共同的利益，同样陷入了这样一种困境。

（2）加强产业链价值创新

产业链的价值增值是通过行业整体的价值创新和产业链各环节内部的价值创新来实现的。因此，产业链成员应在增强内部价值增值能力的同时，加强与其上下游的合作，通过有效的价值创新方式实现价值增值。

野生稻龙头企业通过与其上下游的紧密联合，在信息共享、相互协调的情况下，以市场需求为导向，在选择品种、种植技术、质量控制等方面指导农户。从产品品种、风味、包装、质量等多方面调整野生稻加工产品结构，改进加工设备和加工工艺，进行产品的深加工，提高野生稻加工产品的附加值，从而推动产品在整个产业链中的增值。

在价值链的管理中，重点是通过行政的、法律的、经济的手段加袂发展市场，通过政策倾斜来保护和培育市场，通过市场来引导野生稻产业链发展。

(3) 加快野生稻产业链信息化建设

农业产业链管理的基本思路是通过信息流来带动农业产业链中的物流、价值流等。在农业产业链的管理中，信息初始源头来自市场或消费需求，在获得有价值的市场需求信息之后，反向对农业产业链的各环节提出相应要求，产业链的各参与者根据市场的原则加以有目的分工与协作，用尽量少的投入供应符合市场需要的产品。

(4) 大力发展野生稻产业链物流系统

在物流领域内采取各种措施降低物流成本是增加利润的新源泉。现代物流业已成为"第三利润源"。

据统计，发达国家物流成本在国内生产总值中所占比重为10%。按世界银行估算，中国物流服务总成本相当于国内生产总值的16.7%，如果国内物流成本在国内生产总值中所占的比例下降为15%，每年可为全社会节省2 400亿元物流成本。

野生稻是大宗农产品，流通范围广，在流通过程中数量大、费用高，在整个物流中占据着重要位置。

野生稻物流是指野生稻从生产、收购、销售、储存、运输、加工到消费领域整个过程中的商品实体运动以及流通过程中的一切加工增值活动，它涵盖着野生稻运输、仓储、装卸、包装、配送、加工和信息应用的一条完整的系统。而野生稻产业链物流系不健全和低效率，阻碍着农村经济社会的发展和农民收入的提高，也影响着农村消费环境的改善和农民生活水平与生活质量的提高。

借鉴国外经验，中国热区产业链应进一步深化流通体制改革，通过优质稻米流通的社会化、集团化、现代化和规范化，建立以第三方物流企业为主导的社会化、专业化的农产品服务体系：

一是尽快建立健全相应的政策法规体系，特别是优惠政策的制定和实施，使第三方物流的发展有据可依；

二是尽快建立规范的行业标准，实施行业自律，规范市场行为，使物流业务运作有规可循；

三是发挥组织、协调、规划职能，统一规划，合理布局，建立多功能、高层次、集散功能强、辐射范围广的现代物流中心，克服条块分割的弊端，避免重复建设和资源浪费现象，促进第三方物流健康、有序发展。

参考文献

［1］乌家培．信息社会与网络经济．长春：长春出版社，2002.

［2］曼斯费尔德．微观经济学．北京：中国人民大学出版社，1999.

［3］谢康．信息经济学原理．长沙：中南工业大学出版社，1998.

［4］张维迎．博弈论与信息经济学．上海：上海三联书店，上海人民出版社，1996.

［5］谢康，编著．电子商务经学．北京：电子工业出版社，2003.

［6］保罗·克鲁格曼．萧条经济学的回归．北京：中国人民大学出版社，1999.

［7］斯蒂格利茨．信息经济学：基本原理（上）．北京：中国金融出版社，2008.

［8］R. Golderg. The Economics of Information Processing. NewYork：Wiley，1982.

［9］杨春鹏．实物期权及其应用．上海：复旦大学出版社．2003.

［10］夏健明．陈元志．实物期权理论述评．2003.

［11］吴忠良．产业经济学［M］．北京：经济管理出版社，2005.

［12］傅国华，论中国热区农业分层次发展．北京：中国经济出版社．2006.

［13］Williamson. 1995. Transaction Cost Economic and Organziaont Theroy. In Williamson，O. E. ed. Organization Theroy：From Chester Barnard to te Present and Beyond. 2nd Oxford University Press.

［14］Jeffrey S. Royer and Richard T. Rogers. 1998. The Industrialization of Agricutlure. Ashgate Publishing Ltd，England.

［15］Grindle S. M. and Thomas J. W. 1991. Policymakers，Policy Choice， and Policy Outcomes：Policy Economy of Reform in Developing Countries. Cam-bridge：Harvard University Press.

［16］冯广波. 竞争对手随机进入的创新技术采纳价值评估［J］. 湖南大学博士后出站报告. 2007.

［17］林毅夫，再论制度、技术与中国农业发展［J］. 北京：北京大学出版社. 2000.

［18］李道亮. 农业物联网导论. 北京：科学出版社，2012.

［19］王文生. 中国农村信息化服务模式与机制. 北京：经济科学出版社，2007.

后　记

　　党的十八届三中全会确立了"十三五"期间"以科学发展观为主题，以加快转变方式为主线"的战略指导思想。未来我国热带农业面临着资源环境约束强化，基础薄弱、投入不足、结构不合理、扶持力度不够、创新和成果转化能力不强，发展不平衡、不协调、不可持续等一系列的严峻挑战，热带农业如何转变发展方式？热带农业产业发展需要哪些关键政策扶持？热带农业科技需要在哪些重大领域实现新突破？需要哪些关键技术提供务实的支撑？这些问题都迫切需要认真研究和探讨。

　　从战略的角度系统研究热带农业科技问题，不仅在中国，就是在国际上也比较少。

　　"十五"以来，我国农村信息化建设取得了长足的进展，但与建设社会主义新农村的客观需要相比，仍存在较大差距，其中，矛盾较深之处体现为我国农村信息化服务尚无法满足客观现实需求；与此同时，由于我国地域辽阔，地域间存在着地理和经济发展水平的差异，对信息服务的需求也存在相当大的差异，农村信息化也是一个不断发展的过程，因此，有必要对中国热区种质资源信息经济学进行深入研究，在此背景下，本书作者在中国热带农业科学院科技信息研究所承担了——中国博士后科学基金会重点课题"中国热区种质资源信息经济学研究"，该项研究在大量调研的基础上，对目前我国热区种质资源信息经济学的模式和机制进行了探索、分析及对策研究，不仅对全国提高我国热带农业信息化服务能力和水平，而且对于促进农村繁荣、经济发展和社会进步具有重要意义。

　　本书力求在理论上有所创新，并希望对各地制定农业信息化政策、开展农业信息化服务等方面有所启迪和帮助。可以说，本书也是国内第一部关于种质资源信息经济学模式与机制研究的专著，系统反映我国在这一领域的研究进展。本书可以供政府政策制定部门、农业主管部门、农业大专院校、农业科研院所、涉农企业及中介组织、农业信息从业人员参考使用。

中国农工民主党海南省委会常务副主委毕华博士在百忙之中为本书撰写了序言。在此，本人表示衷心感谢。在本书的撰写过程中，得到了海南省农业厅、海南大学、国际旅游岛商报社等单位的大力支持，得到了许多专家和相关工作人员的真诚帮助，在此一并表示衷心感谢。

尽管作者为本书撰写做了很大努力，但是由理论水平和实践经验的局限性以及受篇幅所限，对某些重要问题研究、探索的广度和深度还有待拓展和提高。对于文中的不足之处，敬请读者批评指正。

郑晓非

2014 年 4 月 26 日